JN254903

日本ファイバー興亡史

——荒井溪吉と繊維で読み解く技術・経済の歴史——

博士（学術）　井上尚之

はしがき

本書は明治以来の主要産業であった絹、さらには綿紡績そして再生繊維であるレーヨン・スフ、そして戦後の合成繊維の経済・技術を俯瞰する目的で書かれている。本書の後半は、今までかえり見られなかった高分子産業のオーガナイザーである荒井溪吉にスポットを当てて、戦後日本のリーディングカンパニーとして日本経済の牽引役となった合成繊維産業の盛衰を論じている。つまり日本のfiber（繊維）興亡史である。

太平洋戦争前、日本の主要産業は繊維産業であり、輸出品の太宗は綿製品、絹製品、そしてレーヨン製品であった。具体的には、1909年（明治42）に生糸輸出量が中国（清）を抜き世界一になった。1931年（昭和６）にはレーヨン糸の輸出量が世界一となり、1933年（昭和８）には綿織物輸出で世界一となった。さらに、1936年（昭和11）にはレーヨン糸の生産量がアメリカ合衆国を抜き世界第１位になった。1937年（昭和12）で見ると我が国の輸出総額31億7500万円のうち繊維製品の輸出額は17億1100万円であり、全体の54％を占めていた。この内訳は、綿製品が44.2％、絹製品が30.1％、レーヨン製品が13.8％であった。特に絹製品は、ほとんどがアメリカに輸出されていた。この翌年1938年（昭和13）10月27日、アメリカのデュポン社の副社長スタインが有名な次のキャッチフレーズでナイロンを公表した。

「ナイロンは石炭と空気と水から作られ、鋼鉄のごとく強くクモの糸のごとく細し」

ナイロンはスタインも発表時に強調した通り、絹の駆逐を対象にした商品であり、生糸・絹製品関係者は、スタインの公式発表前からナイロンに戦々恐々としていた。また、レーヨン関係者もその発表をかたずをのんで見守っていた。政府関係者もこのナイロン発表を見過ごすわけにはいかなかった。絹製品の輸出は我が国の輸出総額の20％近くを占める輸出の太宗であり、我が国200万の養蚕農家の死活がかかっていたからである。

本書の後半は、ナイロンの出現に我が国繊維産業が民主導のオールジャパンで挑んだ記録である。そのキーパーソンが荒井溪吉である。その結果日本は太平洋戦争に敗戦しながらも、奇跡の復興を遂げていくことになるのである。

そして戦前からの化学繊維会社は、今や総合化学会社として日本産業の基盤の一角を占めている。汎用繊維は中国やアジア諸国に生産シェアを奪われたが、炭素繊維を筆頭に高付加価値繊維は日本の独占場になっている。さらに環境を守るためには日本が独自に開発した高機能繊維が不可欠なものとなっている。

本書は、読みやすいように物語形式を取っている部分がある。ただし内容は、資料に基づく正確なものである。さらに本書は最終章では化学繊維と環境についても詳述している。

なお会社名については株式会社を省いた。また会社名を短縮形（東洋レーヨンを東レ等）で示した箇所もある。

2016年　秋

井上　尚之

目　次

第1章 明治の産業——生糸

1．繊維の分類

繊維は、次のように分類される。天然に得られる繊維を天然繊維、化学的に合成したり加工したりして作られる繊維を化学繊維という。日本においては江戸時代以前は天然繊維のみが使用されていた。明治期の主要繊維は絹と木綿であった。

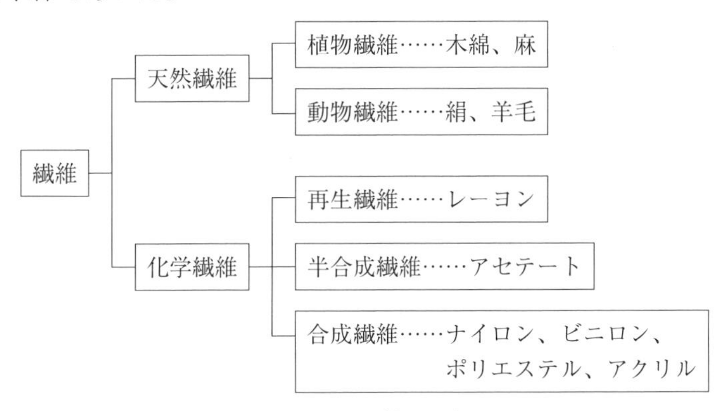

図1．1　繊維の分類

2．明治以降、太平洋戦争前までの日本の主要輸出品——生糸

○座繰製糸と器械製糸

幕末以来、生糸は日本の最大の輸出品であった。製糸業は農村の養蚕業を基礎とし、欧米向けの輸出産業として発達していった。日清戦争が勃発した1894年（明治27）には、座繰製糸（ざぐりせいし）による製糸の生産量を器械製糸（きかいせいし）の生産量が上回った。

座繰製糸……繭から糸を取りやすくするために釜で繭を煮るが、片方の手で糸を繰りながら反対の手で巻き取る作業を座繰という（次写真参照）。

座繰製糸

器械製糸……生糸の巻き取り部分を１本の軸で連結し、水力や蒸気機関で回転させた。蒸気機関で巻き取りを行った富岡製糸場がその典型例である（次写真参照）。

器械製糸

明治政府は、富国強兵・殖産興業のスローガンの下、工業の急速な育成を図った。輸入超過であった貿易収支を改善するために輸出の中心となっていた生糸の生産に力を注いだ。群馬県に1872年（明治５）富岡製糸場を設け、技術の導入と工女の養成を図った。

●富岡製糸場

明治に入り、外国から外国資本による製糸工場建設要望が出されたが、近代製糸工場を日本資本で建設運営することが日本産業発展の礎になると考えた政府は官営模範工場の一つとして富岡製糸場を設立したのである。特に、製糸業における外国資本侵入を阻止することが重要とされた。官営模範工場の基本的なコンセプトは次の通りである。

(1)　西洋の製糸器械の導入。

(2)　外国人を指導者とする。

(3)　全国から工女を募集し、伝習を終えた工女は出身地に戻り、器械製糸の指導者とする。

「富岡製糸場と絹産業遺産群」は、2015年（平成26）ユネスコ世界文化遺産に登録された。富岡製糸場の変遷を次に示す。

1872年（明治５）　富岡製糸場操業開始

1893年（明治26）　明治政府から三井（銀行部）に払い下げ
　・生糸は全てアメリカに輸出されるようになる

1902年（明治35）　原（はら）合名会社に譲渡
　・蚕の改良を行う施設が建設

1909年（明治42）　日本の生糸生産・生糸輸出量が世界一となる

1939年（昭和14）　片倉製糸紡績株式会社（現在の片倉工業株式会社）と合併

1987年（昭和62）　操業停止

３．富岡製糸場工女――横田英の日記

1872年（明治５）２月から1873年（明治６）７月まで、富岡製糸場で工女として従事した和田英（わだえい、旧姓横田）（1857－1929）の『富岡日記』が公開されており、当時の様子を知ることができる。現代語に訳すと次のようになる。

「明治７年１月28日　一等工女

さて私共一行はみな一心に勉強して居りました。中に病気等で折々休む人もありましたが、まず打揃って精を出しております。何を申しましても国元に製糸工場が立ちますことになって居りますから、その目的なしに居る人々とは違います。そのうちに一等工女になる人があると大評判がありまして、西洋人が手帳をもって中廻りの書生や工女と色々話して居ますから、中々心配でなりません。

そのうちに、ある夜、一等工女になることができる人を取締りの鈴木さんが呼び出しに来ることになりました。私共は実に心配で、立ったり座ったりして居りますと、私が呼び出される番になりました。

「横田英　一等工女申付候事」

と申されました時は、嬉しさが込上げまして涙がこぼれました。

一行十五人（その以前坂西たき子さんは病気で帰国致されました）の内（著者注：一行十五人とは長野県の旧藩士の子女達）、たしか十三人まで一等工女に申付けられたように覚えています。呼出の遅れました人は泣出しまして、えこひいきだの顔の美しい人を一等にするのとさんざん申して、後から呼出が来て申付けられました時は、先に申付けられた人々で大いじめ大笑い、しかし一同、天にも昇る如く喜びました。残った人（一等工女になれなかった人）は皆年の若い人で、中には未だ糸揚げをして居た人もありました。月給は、一等一円七十五銭、二等一円五十銭、三等一円、中廻り一円でありました。

一等工女になりますと、その頃は百五十釜でありまして、正門から西は残らず一等台になりました。私は西の二切目の北側に作業する台が決まりまして、参って見ますと、私の左釜が前に述べました静岡県の今井おけいさんでありましたから、私の喜びは一通りではありません。また今井さんも非常に喜んで下さいました。その日から出るも帰るも手を引きあいまして姉妹も及ばぬほど睦ましく致して居りました。……この台へ参りましてから業も実に楽になりました。繭は一等でありますから大きさが大きく揃い、品質も宜しいので、毎朝操場へ参るのが楽しみで、夜の明けるのを待兼ねる位に思いました。皆同じことだと存じます。」

当時の１円は諸資料より、現在の貨幣価値の５万円程度と考えられる。よって一等工女の賃金は現在の９万円程度と考えられる。工女を指導したのは主としてフランス人の女性教師である。また工女は寄宿舎で生活し、寝具や食事は支給され、入浴は毎日可能であり、１日の平均労働時間は７時間45分、ヨーロッパの７曜制を導入し日曜日は休日であった。日曜日、祭日、年始・年末・盆休み等を含めて年間76日の休日があった。よって初期の富岡製糸場の工女は非常に恵まれていたといっても過言ではない。我々がイメージする女工哀史の生活とは程遠い。和田英の『富岡日記』は1873・1874年（明治６・７）の様子であるが、その約25年後の1899年（明治32）横山源之助が『日本の下層社会』の中で前橋の製糸女工の実態を次のように著している。現代語訳で示す。

「私は桐生・足利の製糸工場を調査した。聞いて極楽、見て地獄とはよく言うが、実際に女工の境遇を見るとその通りだと感じる。労働時間に関して繁忙期は、起床後すぐに業務に就き、夜勤は深夜12時に及ぶことも稀ではない。食事は麦４分に米６分の割合の麦飯である。寝所は豚小屋並みであり、醜く汚い。特に驚くべきことは、女工が閑散期においては期限を定めて他所に奉公に出されることであり、その収入は雇い主が取る。女工の１年の賃金は20円もない。製糸地方に来た女工は、紡績工場で働く女工と同じく募集人の手により来た者が多く、工場に来て２、３年になるにもかかわらず、隣町の名前さえ知らない者もいる実態である（著者注：女工のなり手が少なく、会社は女工募集人を地方の貧しい農村へ遣わして女工を集めた）。この地方の者は、製糸女工になることは茶屋女（著者注：料亭・遊郭等で媚を売る女性）と一般女性の境界に陥ることと見なしている。境遇を考えれば、製糸女工は工場労働者の中で最も憐れむべき存在である。」

諸資料より、1900年（明治33）当時の１円は現在の10000円程度であるので、当時の年収20円は現在の年収20万円、月収にして２万円弱となる。また、政府が1900年（明治33）に出した『職工事情』によれば、女工の部屋は「十畳敷ニシテ、二十六人居り、布団一枚、夜具一枚ニシテ二人宛一所ニ寝ム。夜具布団ハ、昼夜交代者代々使用スレバ不潔ナリ。」とある。

フランス人の管理の下にあった、官営工場第１号の富岡製糸場は労務管理も優れ、待遇も良かったが、1884年（明治17）頃から官営工場が民間に払い下げられていく。また工場制工業が勃興し資本主義が発達し、当時の工場労働者の大半を繊維産業が占めており、その大部分が女子であった。女子労働者の多くは苦しい家計を助けるために出稼ぎに来た小作農等下層農家の子女であり、欧米と比べものにならない低賃金で厳しい労働に従事したのである。このような低賃金の過酷労働による生糸を原料とする輸出向け羽二重（はぶたえ）生産（夜会用手袋・ストール・シルクハット・ストッキング・スカーフ等）でマニフェクチュア経営が増加し、日露戦争後にはアメリカ向け生糸輸出がさらに増え、1909年（明治42）には清国を抜いて日本が世界一の生糸輸出国に躍り出た。羽二重とは、経（たて）糸と緯（よこ）糸に撚りをかけない生糸を用いて平織にした、後練りの絹織物。後練りとは、織物にしてから生糸に付着している粘着性のあるタンパク質のセリシンを石鹸等で取り除くこと（精練）である。

ところで富岡製糸場では、女子労働者を工女と呼び、『日本の下層社会』や『女工哀史』では、女工と呼んでいる。女工とは主として単純労働に従事する女子労働者を指すが、工女とは技術習得をメインとする女子学生や女子労働者を指している。

4．生糸のできるまで

繭を処理して繭糸を引き出し、それを数本合わせて引き出し、さらに巻き取って整理をする一連の作業が製糸であり、こうして得られた糸を生糸（きいと）という。この製糸は江戸末期まで、農家の副業として養蚕と一体で行われていた。しかし富岡製糸場創立以降の製糸業の確立と共に独立し、洋式器械製糸の普及に伴い、工程も分離していく。製糸工程は以下である。

1．繭の乾燥

蚕は繭を作った後、17～19日経つと繭を破って蛾に生まれ変わる。繭がつぶれるので生糸は取れなくなる。そこで蛾になる前に繭を乾燥させ、中の蛹（さなぎ）を殺す。

2．繰糸（そうし）

次に繭を煮る。煮た繭は、熱湯を入れた繰糸鍋（そうしなべ）に入れられ、女工によって糸が繰られた。糸の先を見つけるために実子箒（みこほうき）が用いられた。この箒でゆでた繭をなでて糸を引き出す。繭糸１本では細すぎるので、何本かの糸を撚り合わせて目的の太さの糸にして繰った。これを撚りかけというが、この撚りかけ装置は、フランス製やイタリア製が用いられた。

3．再繰（揚返　あげかえし）

小枠（こわく）と呼ばれる糸を巻き取る装置で巻き取られた糸はまだ濡れており、糸に付着したセリシンが糊の役目をしてくっついてしまう。よって、繰糸した糸を大枠に巻き替える。

4．綛（かせ）

大枠に巻き替えられた糸を綛という。70gが標準である。この綛を30本の束（括（かつ）と呼ばれる）にする。20括の俵詰（約60kg）にして輸出した。

5．検査

品質は特に重要視され、糸量・色沢（しきたく）・繊度（せんど：9000m当たりのグラム数で表示され、単位はDデニール、D（デニール）＝9000×W(グラム)/L(m)）等さまざまな検査が行われた。

5．第1次世界大戦後の製糸業の発展

第1次世界大戦（1914～1918年（大正3～7））後、戦場にならなかったアメリカは戦場となったヨーロッパへの輸出で空前の好景気を迎える。大戦を契機としてアメリカ女性の職場進出は非常な勢いで進む。また、ジャズ、ダンスの流行、映画の発達等から女性美の表現に画期的革命がもたらされる。1918年（大正7）には、ショートスカート（ミニスカートではなく膝が隠れる程度の長さ)が流行する。婦人靴はハイヒールが流行する。これらと共に脚部を引き立たせる美観と保温を兼ねた絹靴下、特にフルファッションストッキングが流行する。フルファッションとは太ももまであるストッキングでありガーターで止める形式である。絹ストッキングは透明性が高く、弾力があるので足が細く見え、保温性もよい。絹の用途の新境地は、従来の市場の増進と相まって、米国の生糸需要を年々増大させ、日本からの輸出増加を可能にさせた。日本生糸のライバルにあった中国生糸はちょうどその頃、同国の内乱が打ち続いた関係から、生糸の改良と増産が日本よりは甚だしく遅れた。そこで日本生糸はこの時期には、独走的

な海外進出を成し遂げることができたのである。

アメリカの生糸輸入高は、1914年（大正３）には21万7000俵であったが、1919年（大正８）には34万俵、1925年（大正14）には49万俵、さらに1929年（昭和４）には66万俵に達した。このうち日本生糸は1914年（大正３）には70％であったが、1925年（大正14）には80％に達し、以後80％を維持した。世界最大の生糸消費国となったアメリカにおいて独占的供給国の地位を得た日本生糸は、世界の生糸市場においても世界一の輸出量を記録する。明治時代に強力な競争相手であったイタリアや中国の輸出量を大きく引き離した。

6．生糸はフィブロインというタンパク質である

生糸は20種類のα-アミノ酸のうち18種類がペプチド結合によりつながったフィブロインというタンパク質である。次にα-アミノ酸の示性式を示すが、Rは炭素と水素を主成分とする基であり20種類ある。CONHはペプチド結合と呼ばれる。

α-アミノ酸：NH_2—C(R)H—COOH

タンパク質：—NH—C(R_1)H—CONH—C(R_2)H—CONH—C(R_3)—CONH—

フィブロインは20種類のα-アミノ酸のうち、グルタミンとアスパラギンを除く18種類のα-アミノ酸からなる。分子量約37万で、１分子は約4000個のα-アミノ酸からなる。

第２章
日本の産業革命の中心産業――綿紡績

１．1880年代前半――松方正義デフレ政策と大阪紡績会社の成功

1877年（明治10）に西郷隆盛を首領とする最大規模の士族の反乱である西南戦争が勃発した。明治政府は半年をかけてこれを鎮圧した。政府は西南戦争の軍費の必要から不換紙幣を増発したので、激しいインフレーションが起こった。貿易取引で用いられる銀貨に対して紙幣価値が下落した。定額金納地租を基とする政府の歳入は実質的に減少し財政困難に陥り、明治初年から輸入超過が続いていた政府の金・銀保有高（正貨）は底をついた。そこで1880年（明治13）に政府は酒造税を増税し、官営工場払下げ方針を決め、財政・紙幣整理に着手し、1881年（明治14）に松方正義を大蔵卿に就任させ、デフレ政策を実行させた。松方は増税によって歳入の増加を図り、軍事費以外の支出を緊縮した。その結果生じた歳入の余剰を不換紙幣の処分と正貨の蓄積に充てた。さらに松方は、1882年（明治15）には中央銀行として日本銀行を立ち上げた。日本銀行は銀貨と紙幣の差額がなくなった1885年（明治18）から、銀兌換の銀行券（大黒図案の100円・10円・１円）を発行し、事実上の銀本位制度が確立した（日本が欧米と同様の金本位制に移行するのは、日清戦争の賠償金を得て貨幣法を制定した1897年（明治30）である）。

1880年代前半の松方デフレ政策によって、物価が安定し、金利が低下し、銀本位制が整えられた。その結果株式取引が活発化し、1886～1889年（明治19～22）には紡績や鉄道で会社設立ブームが起こった。これが最初の企業勃興であり、これを機に機械技術を導入した日本の産業革命が始まるのである。産業革命の中心になったのは紡績業であったが、綿糸を使う綿織物業の回復が必要であった。幕末以来の輸入綿製品に押されて、綿織物業

は一時衰退していたが、原料糸に輸入綿糸を用い、手織機（ておりばた）を改良した飛び杼を使用することで、農村での問屋制家内工業を中心として綿織物業が次第に回復していった。そして1883年（明治16）に大阪紡績会社が設立された。大阪紡績会社ではイギリス製の最新式紡績機械を用い、電灯を設置して昼夜２交代で操業し莫大な利益を上げた。ここでは政府奨励の2000錘紡績より５倍の規模の蒸気機関を用いた１万錘紡績に成功した。錘（すい）とは紡績工場の生産能力を示す単位で精紡機の糸を紡ぐ心棒の数のこと。糸を巻いていくと紡錘形になる。紡錘形とは円柱状で真ん中が太く両端が細くなる形である。

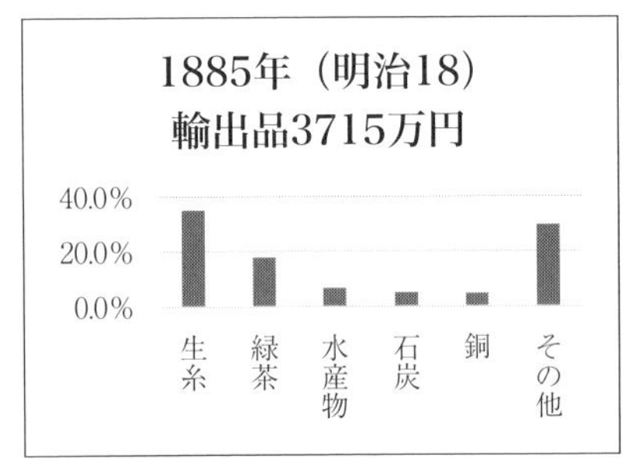

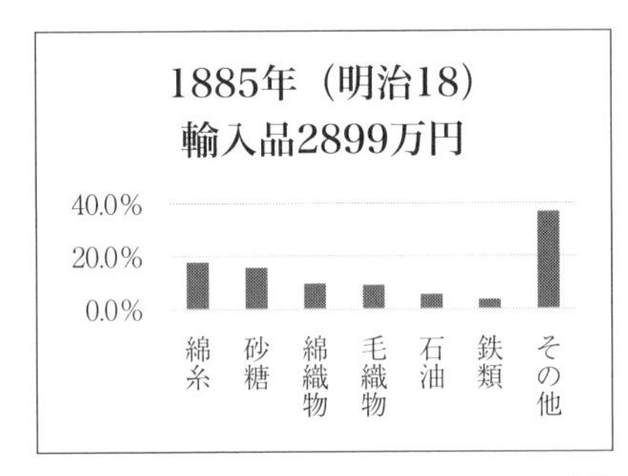

（『日本貿易精覧』(1975、昭和10年刊行の復刻版、東洋経済新報社）より作成　次の四つのグラフも同様）

図２．１　1885年の輸出品　　図２．２　1885年の輸入品

これを機に大阪等を中心に商人の会社設立が相次ぎ、機械制生産が急増した。これ以前は手紡ぎやガラ紡が行われていた。ガラ紡は、臥雲辰致（がうんたっち　1842－1900）が発明した簡単な紡績機械で、辰致は1876年（明治９）に連綿社を起こしガラ紡の製造・販売を始めた。ガラ紡は1877年（明治10）に開催された政府主催の国内勧業博覧会で最高賞である鳳紋賞牌を獲得した。ガラ紡は人力式から水車式に改良されて以降、愛知県を中心に普及した。しかし当時日本には特許制度がなくガラ紡の模造品が出回り、連綿社は1880年（明治13）に倒産した。ガラ紡の名の由来は、稼働時にガラガラと音を立てるからである。

さらに機械制大紡績工場が増加して1890年代にはガラ紡は衰退した。

1890年（明治23）には、綿糸の生産量が輸入量を凌駕した。さらに日清戦争頃から中国への綿糸輸出が急増し、1897年（明治30）には、綿糸輸出量が輸入量を上回った。さらに日露戦争後の1909年（明治42）には、綿布の輸出額が輸入額を上回った。当時大阪は、東洋のマンチェスターともいわれた。(1)

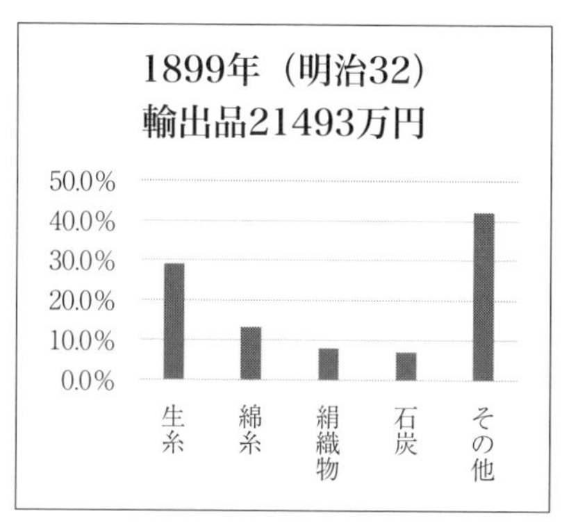

図2．3　1899年の輸出品

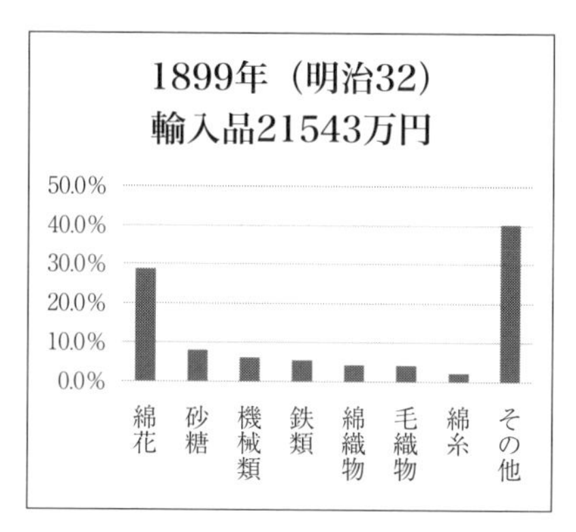

図2．4　1899年の輸入品

上記のグラフで、1885年（明治18）の輸入品のトップであった綿糸が1899年（明治32）では輸出第2位になると共に、1885年（明治18）の輸入品トップの地位を綿花に譲り渡している点を見落とさないこと。

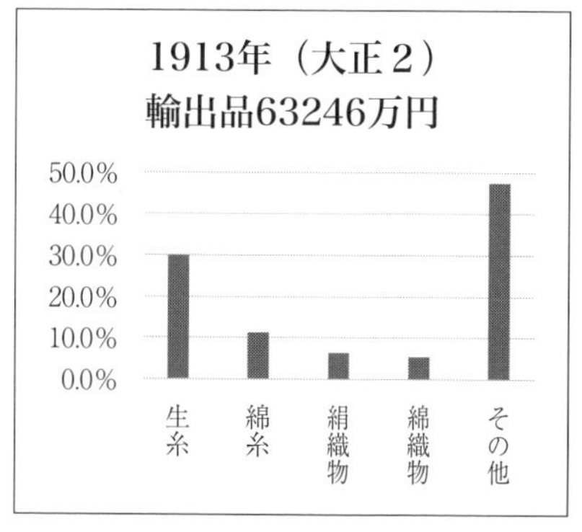

図2．5　1913年の輸出品

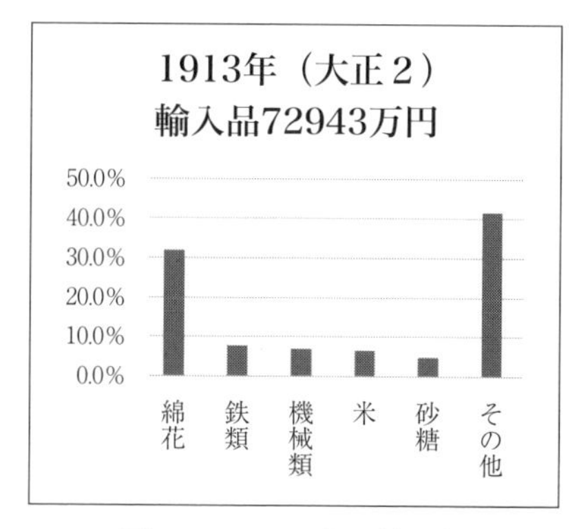

図2．6　1913年の輸入品

1913年（大正２）の輸出のベスト４に今までなかった綿織物が入ってきたことを見落とさないこと。

２．日清・日露戦争後の繊維産業の躍進

日清戦争（1894・1895年（明治27・28））の勝利で清国から多額の賠償金を得た政府はこれを元にして戦後経営を進め、軍備拡張と共に、金融・貿易の面からも産業振興を図った。1897年（明治30）、日清戦争勝利によって得た賠償金を元に金本位制を確立した。日露戦争（1904・1905年）（明治37・38）の後、大会社が合併等により独占的地位を固め、輸入力織機で綿織物も盛んに生産され、販売組合を結成して、朝鮮・満州へも輸出された。農村の綿織物業では、豊田佐吉（1867－1930）が発明した国産力織機によって小工場への転換が進んだ。しかしながら原料綿花は、中国・インド・アメリカ等からの輸入に依存したために、綿糸・綿織物の輸出は増えたが、綿業貿易の輸入超過はむしろ増加した。よって国産の繭を原料とする生糸輸出で外貨を稼ぐ製糸業の役割は重要であった。(2)

３．第１次世界大戦景気と金融恐慌

第１次世界大戦（1914～1918年（大正３～７））は日本に好景気をもたらした。ヨーロッパ列強が後退したアジア市場には綿織物が激増し、戦争景気のアメリカ市場への生糸の輸出が激増した。大紡績会社は、大戦の後中国に在華紡と呼ばれる紡績工場を次々に建設した。(3) 1914年（大正３）には11億円の債務国であった日本は、1920年（大正９）には27億円の債権国となった。しかし大戦景気は長続きしなかった。成金資本家は生まれたが、物価の高騰に苦しむ一般民衆が増加した。1918年（大正７）には富山県に端を発する米騒動が全国に広がった。これにより寺内正毅内閣が倒れ、立憲政友会の原敬内閣が成立した。

第１次世界大戦の終結でヨーロッパ諸国の復興が進み、ヨーロッパ生産商品がアジア市場に出てくると大戦景気とは逆に日本経済は苦境に陥っていく。(4)

1919年（大正８）から貿易は輸入超過に転じた。1920年（大正９）には

株式市場の暴落をきっかけに戦後恐慌が起こり、生糸・綿糸の値段は半値以下に暴落した。1923年（大正12）には関東大震災が起こる。1927年（昭和２）震災不良債権を審議していた衆議院において大蔵大臣の片岡直温（かたおかなおはる）の失言をきっかけに、東京渡辺銀行が休業に追い込まれ、各地で銀行の取り付け騒ぎが起こった。さらに鈴木商店の経営破たんが明白になり、多額の融資をしていた台湾銀行が経営危機に陥った。時の若槻礼次郎内閣は緊急勅令による台湾銀行救済を試みたが、枢密院が緊急勅令を拒否したため、内閣は総辞職せざるを得なかった。これが1927年（昭和２）に起こった金融恐慌である。金融恐慌で憲政会の若槻内閣は倒れ、立憲政友会の田中儀一内閣は、３週間の期限付きでモラトリアム（支払い猶予令）を発した。これは銀行が預金者からの多額の預金引き出しに応じなくてもよい期間を設けることである。さらに日本銀行からの非常貸し出しを決め、大量の紙幣を準備して各銀行に届けた。しかし必要な紙幣の印刷が間に合わず表面のみ印刷されているが裏は白紙の紙幣（ウラシロと呼ばれる200円券）を大量に発行したのであった。そしてようやく金融恐慌が落ち着いた。その後は預金が大銀行に集中し、三井・三菱・住友・安田・第一の５大銀行が金融界を支配するようになった。紡績等（電力・海運・造船・石炭も）の主要産業でも企業集中が進み、大銀行を中心とする大財閥が経済界を支配するようになった。

４．昭和恐慌

第１次世界大戦が勃発するとヨーロッパ列強は相次いで金本位制から離脱した。日本も1917年（大正６）に金輸出禁止に踏み切り、1897年（明治30）以来の金本位制を放棄した。第１次世界大戦が終わると列強は金本位制に戻ったが日本は関東大震災のために復帰が遅れた。貿易関連産業は為替相場の安定と輸出促進を望んで金輸出解禁の実行を政府に求めた。1929年（昭和４）に成立した立憲民政党の浜口雄幸（はまぐちおさち）内閣は大蔵大臣に前日銀総裁の井上準之助を任命し、財政緊縮によって物価抑制・産業合理化を推進して企業の国際競争力の強化を図った。1928年（昭和３）にフランスが金解禁に踏み切ると、列強では日本だけが金本位制に踏み切っていなかった。そこで1930年（昭和５）に日本も金解禁に踏み切り、外国為替相場の安定と経済界の抜本的整理とを図ろうとした。当時の為替相場は100円＝46.5ドルであったが、100円＝49.85ドルの旧平価（日本が1917年（大正６）に金本位制から離脱する前の固定為替相場）で金解禁を実施したので、実質円の切り上げとなった。当然円高となり輸出が激減し、デフレ不況に陥ることになる。旧平価解禁をあえて実施した背景は、円の国際信用の低下防止と生産性の低い不良債権を整理・淘汰して日本経済の体質改善を目指したものであった。当時はオーストリアのヨーゼフ・シュンペーター（1883－1950）の「不況が発生することで弱い企業が淘汰され、産業そのものが強化されるから、むしろもっと大きな不況が襲ったほうがよい」という「創造的破壊」理論がもてはやされた時代でもあった。

1929年（昭和４）10月にはニューヨーク株式市場が大暴落し、それを端緒に生産力の増大に対する消費の伸び悩み（デフレギャップ）や投棄ブームの反動から不況が一気に加速し、多くの金融機関が破綻した。恐慌の影響は他の資本主義国にも及び世界的な経済恐慌が起こった。これが世界恐慌である。世界恐慌は金解禁で金本位制に復帰した日本にも大きな打撃を与えた。２カ月で１億5000万円の金（きん）が海外に流出し、通貨量は激減し、激しいデフレを招いた。株価が暴落し、生糸・綿糸・米等が暴落した。特にアメリカの恐慌によりアメリカ向け生糸が激減し、繭の値段が下がり養蚕農家は壊滅的打撃を受けた。(5) 1930年（昭和５）は空前の豊作で米価が下落し、豊作飢饉が勃発した。翌年の1931年（昭和６）は一転して冷害に見舞われ東北の農村は悲惨な状況に陥った（農業恐慌）。農村では小作争議が起こり、鐘ヶ淵紡績や富士紡川崎工場等で大争議が起こった。この年が太平洋戦争前における労働争議のピークであった。これが昭和恐慌の実態である。

５．経済の回復と重化学工業の発達

1931年（昭和６）12月、井上準之助大蔵大臣（浜口雄幸内閣、第２次若槻礼次郎内閣）の後を引き継いだ高橋是清大蔵大臣（犬養毅内閣）が、金輸出再禁止を実施し兌換も停止した。日本は管理通貨体制に移行した。金本位制度の下では通貨供給量は、兌換準備のための金の保有量に規定されるのに対して管理通貨体制では政府が自国の政策的観点から通貨供給量を決定する。金本位制を離脱すると為替レートは100円＝50ドルから100円＝20ドルと大幅に下落した。大幅な円安によって綿製品等の輸出が増大し、1932年（昭和７）には、綿製品の輸出量がイギリスを抜き世界一になった。(6) また同年、総輸出額に占める綿製品の額が25％を占め、それまで輸出の中心であった生糸の21％を超えた。高橋蔵相は1932年（昭和７）11月25日、「日銀が国債を直接買い取って市中に貨幣を供給することによって貨幣量そのものを増量する。」という政策を実行する。ここにおいて高橋財政金融政策が完成する。この政策のポイントは次の２点である。

(1)　金本位制離脱

(2)　日銀による国債の直接引き受け

輸出の躍進（1932年（昭和７）から1937年（昭和12）までは輸出が増加し続ける）と国債の発行による軍事費・農村救済の財政政策で産業界は勢いづいた。日本は他の資本主義国に先立ち、1933年（昭和８）に世界恐慌以前の水準を回復した。特に重化学工業は、軍需と政府の保護政策により目覚ましく発展した。金属・機械・化学工業の合計生産額は、1933年（昭和８）には繊維工業を上回り、1938年（昭和13）には工業生産額の過半数を占めた。つまりこの時期には産業構造が繊維産業を中心とする軽工業中心から、金属・機械・化学を中心とする重化学工業へ移行したのである。

しかし欧米列強は世界恐慌からの脱出に苦しみ、特にイギリスは円安下でのイギリス植民地への日本の輸出拡大をソーシャルダンピング（国ぐるみの投げ売り）であると非難し、ブロック経済圏を作っていった。(7) 例えばイギリスの植民地であるインドではイギリスに対する綿布関税率を25％に据え置いたが、1933年（昭和８）には、日本を含むその他諸国向け関税率を75％に引き上げた。当時のインドへの綿布輸出はほとんどが日本製であったので、事実上日本への貿易制限であった。インドから始まった貿易制限は、カナダ・オーストラリア等のイギリス植民地諸国にも広がり、1936年（昭和11）には127市場のうち78市場で日本に対する貿易制限が課された。そして日本は1941年（昭和16）12月８日の太平洋戦争に突き進んでいくことになる。

6．明治から昭和までの繭・生糸・綿花・綿糸の国内生産量

ここで、明治から昭和までの繭・生糸・綿花・綿糸の国内生産量を示す次のグラフを参考にして、今まで述べてきた内容の確認を行いたい。

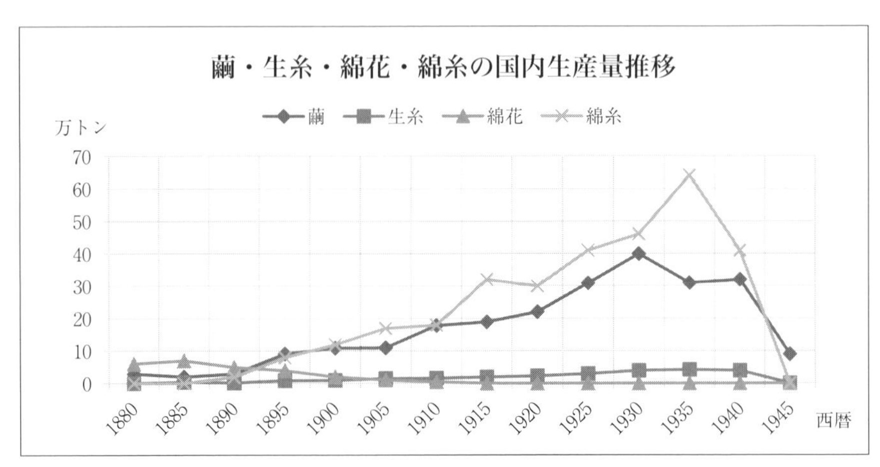

（『日本化学繊維産業史』『現代日本産業発達史（上）』より作成）

図２．７　繭・生糸・綿花・綿糸の国内生産量推移

1885年（明治18）以降、綿花の生産が減少に転じているこのような変化が起きた理由は何であろうか？

下線(1)の部分が該当する。理由自体は下線(2)にもある。1883年（明治16）に大阪紡績会社が安価な輸入綿花を使用して綿糸の大規模生産に成功すると、1880年代後半に企業勃興で機械制生産を行う大規模な紡績会社が多数設立され、原料綿花は中国・インド・アメリカからの輸入品が用いられたためである。

次に、1915年（大正４）から1920年（大正９）にかけて、生糸の生産量が伸び、綿糸の生産量が落ち込んでいる理由は何であろうか？

下線(3)(4)が該当する。生糸は第１次世界大戦による戦争景気にあった

アメリカに向け輸出が激増したため、生糸の生産量は伸びた。一方綿糸に関しては、戦後復興でヨーロッパ製品が復活したこと、および日本の大手紡績企業が中国に次々に在華紡を建設したことが日本国内の綿糸生産量減少をもたらしたからである。

1930年（昭和５）から1935年（昭和10）にかけて綿糸の生産量が急激に伸びている。この変化が起きた理由および、それが国際関係に及ぼした影響はどのようなものであろうか？

下線(6)(7)が該当する。高橋是清蔵相が金輸出再禁止を実施したため、円為替相場は大幅に下落した。その結果、円安で綿製品の輸出が激増し、綿糸の生産量が急激に伸びた。イギリスは自国植民地への日本の綿製品輸出をソーシャルダンピングとして非難し、ブロック経済を作り高関税をかけて対抗したということである。

1930年（昭和５）から1935年（昭和10）にかけて繭の生産が落ち込んでいる理由は何であろうか？

下線(5)が該当する。世界恐慌により国内消費が減少したアメリカへの生糸輸出が激減し、原料繭の生産量も減少したためである。

7．紡績過程

今まで見てきたように、太平洋戦争前の日本の綿花の輸入先は、中国・インド・アメリカであった。現在の綿花輸入先国は、総輸入量3.6×10^4tのうち、32.6％がアメリカ、15.5％がオーストラリア、13.7％がブラジル、10.6％がギリシャ、10.5％がインドの順である。中国は生産のほとんどを自国で消費している。

綿花は固く締め付けられ、輸入国から綿俵（めんだわら）に１俵480ポンド（１ポンド＝0.453kg）詰められて、１ロット100俵または85俵のコンテナに入れられて送られてくる。蛇足ながら１ポンドのkg数の覚え方は、「押切もえが１ポンド押し込み（＝おしこみ＝0.453)」と覚える。

次に豊田自動織機株式会社で行われている紡績過程を示す。

1. **混打綿工程**……圧縮して梱包された原綿を混打綿機で解きほぐす。原綿に付着しているごみ等を除く。最後に「ラップ」というシート状にする。

2. **梳綿（そめん）工程（カーディング）**……混打綿工程で作成したシート状の「ラップ」をカード（梳綿）機を用いて繊維を１本１本に分離する。分離した綿繊維を平行に引き揃え、短繊維を取り除く。長繊維を平行状態にして、紐状の「カード・スライバー」にする。

3. **コーミング（精梳綿）工程**……「カード・スライバー」をくしけずり、混打綿工程・梳綿工程では十分に除去できなかった短繊維やごみを取り除く。繊維を平行に揃え、均一な「コーマ・スライバー」を作る。

4. **連条工程**……梳綿工程または精梳綿工程で作られた「カード・スライバー」または「コーマ・スライバー」を条機を用いて６または８本合わせ、引き伸ばしながら、まっすぐにして太さのむらをなくす。この工程で紐状の「連条スライバー」を作る。

5. **粗紡工程**……「連条スライバー」から直接糸を作るには太すぎる。そこで粗紡機を用いて「連条スライバー」をさらに引き伸ばすと共に、ここで初めて撚りをかけてボビンに「粗糸」を巻き取る。

6. **精紡工程**……紡績の最後の工程が精紡工程である。粗紡工程で作られた「粗糸」をさらに引き伸ばし、所定の太さにし、最終製品である糸をボビンに巻き取る。ボビンに巻き取られた糸は「管糸」と呼ばれる。

7. **巻返工程**……「管糸」を用途に応じて再びチーズ（円柱状）やコーンに巻く。

8．女工哀史

1925年（大正14）、細井和喜蔵（1897－1925）が『女工哀史』を著した。細井は13歳の時に機屋（はたや：はたおりや）の労働者となり自活を始め、その後15年間紡績工場の下級職工として従事した。この本はこの間に、細井の体験と伝聞を記録したものである。細井は改造社から『女工哀史』を出版した1カ月後に急性腹膜炎で28歳という若さで夭折している。この本から、当時の紡績業を俯瞰する。

・紡績工場には2種類ある。綿糸のみを作る（紡糸）工場と綿糸を作った後、布を織る織布（しょくふ）工場を備えている工場である。大規模な工場は後者である。
・工場は分業体制が確立されている。
・男女工の比率は、男工30％、女工70％である。
・労働時間：1916年（大正5）に工場法が施行されたが施行前においては、紡績12時間、織布14時間。施行後は紡績11時間、織布12時間。
・労働者募集：男工は全て志願工。志願工は、つてがない飛び込みとすでに働いている男工の紹介で志願する2種類がある。女工は全て募集工。

女工募集はその応募状態により、第1期. 第2期. 第3期に区別できる。

第1期：明治10～28（1877～1895年日清戦争の頃まで）女工の募集が楽な時期。現在（大正14頃）の紡績会社数が二百有余社、工場数が三百有余工場に対して、当時は数的に少なくかつ農漁村では人口が有り余っていた。貧農漁民の娘が多く応募してきた。

第2期：明治29～38（1896～1905年日露戦争の頃まで）女工の募集が漸次困難になってきた時期。その理由として細井は次の2点を挙げている。

(1)　工場の数が増加して女工が多く必要になる。
(2)　一度応募した女工が帰郷して工場の厳しい労働状況を訴える。

この時期には地方の農漁村の親元に賃金の一部を強制的に送付させる強制送金制度や前貸金で親に金を与える制度や年季制度（3年が標準）が行われた。

第３期：明治39以降（1906～）女工募集困難時代。この時期には女工募集人が活躍する。支度金制度、親が上京する時は実費を会社負担。３年勤続の女工には満期慰労金。工場内には寄宿舎、学校、病院があり、全て無料。工場内に学校があり普通教育の他、裁縫、生け花、茶の湯、礼儀作法、割烹教授等を宣伝文句にしていた。さらに大会社になると地方で活動写真や芝居を行い、女工募集を行った。

賃金：第３期においては、最初は日給で60～70銭、３カ月後には月給で30円、６カ月後には60円以上。半年ごとに賞与があり、半年の給与の１割３分が与えられた。

第３期当時の１円は現在の5000円程度と諸資料より考えられる。特にこの第３期時代は、女工争奪戦が会社間で行われたので、給与的には恵まれていたといえよう。第３期の紡績女工の労働環境や賃金は、前述した1899年（明治32）横山源之助の『日本の下層社会』の中で描かれている製糸女工と比べて格段に良くなっていることがわかる。哀史（悲しい歴史）とはいえないほど、紡績業では女工が不足し、条件が良くなっていったのである。

しかし、1920年（大正９）には、株式市場の暴落を口火に戦後恐慌（第１次世界大戦後）が発生し、綿糸・生糸の相場は半値以下に暴落し、紡績業も不況に覆われ、女工の労働条件も厳しいものになっていった。

前述したように、1923年（大正12）には関東大震災で大きな打撃を受け、銀行手持ちの手形が決済不能となり、日本銀行の特別融資で一時をしのいだが、その後も不況が続いて決済は進捗しなかった。1927年（昭和２）帝国議会でこの震災手形の処理が図られたが、一部の銀行の不良な経営状態が明らかになり、取り付け騒ぎが起こり、銀行の休業が続出し、金融恐慌に至った。金融恐慌において、第１次世界大戦中に急成長し三井・住友に迫る勢いを示していた鈴木商店が同年４月に破産した。鈴木商店に巨額の融資をしていたのが台湾銀行であり、時の若槻礼次郎内閣は緊急勅令を出して台湾銀行の救済を行おうとした。しかし枢密院の了承が得られず、総辞職する。1927年（昭和２）における台湾銀行の貸し出し総額７億円のうち、鈴木商店への貸出額は３億5000万円を占めた。次の田中儀一内閣はモラトリアム（支払い猶予令）を出して、日本銀行からの巨大融資によって金融恐慌をようやくしずめた。台湾銀行も再建された。

1920年代の日本経済は好況の時期がなく、恐慌・不況の状態が続いていた。多くの産業分野で、企業の集中・カルテル結成・資本輸出の動きが強まった。巨大紡績会社は、第１次世界大戦の後、中国に紡績工場を次々に建設した。これらの紡績工場が在華紡であるが、1925年（大正14）までに17社が中国に進出し、日本の経営形態が持ち込まれ、日本国内の半分の賃金で現地住民を雇用した。同年には日本国内綿糸生産量の４分の１に当たる100万錘を生産した。財閥は、この時期には金融・流通面から産業支配を進めていった。三井・三菱・住友・安田・第一の５大銀行が金融界で支配的な地位を占めたのであった（既出）。

９．豊田佐吉

豊田佐吉（1867－1930）は1867年（慶応３）２月14日に現在の静岡県湖西市山口に生まれた。父は農業と大工を営んでいた。小学校を出ると父の大工の手伝いをするようになった。向上心に燃えた佐吉は東京から新聞を取り寄せて村の若者と「夜学会」を開催したりした。小学校の教員から借りた『西国立志編』（サミュエル・スマイルズ著、中村正直訳、1871）は佐吉に大きな感動を与えた。同書はサミュエル・スマイルズの『SELF HELP』（自助論）を翻訳したもので、100万部以上売れた明治期のベストセラーである。この本は紡績機械や繊維機械を考案した発明家等300人以上の成功談を述べた成功伝集である。冒頭の「Heaven helps those who help themselves 天は自ら助くる者を助ける」という諺が示すように「人は志を立てて努力すれば必ず成功する」ということが繰り返し書かれている。この本が佐吉の発明への意欲を大いに高めたという。さらに、1885年（明治18）には太政官布告第７号をもって「専売特許条例」が公布され、発明の奨励とその保護が打ち出された。さらに1888年（明治21）に「特許条例」となり、日本の特許制度が確立していくのである。佐吉はこれにより織機の発明を志すきっかけになった。

臥雲辰致が発明したガラ紡は1877年（明治10）に開催された政府主催の国内勧業博覧会で最高賞である鳳紋賞牌を獲得したにもかかわらず、その販売・製造会社である連綿社が1880年（明治13）に倒産したのは、日本に特許法がなく、模倣品が多数出回ったからであった。豊田佐吉が発明を始めた時、日本はようやく欧米の特許法を取り入れ、近代国家として羽ばたこうとしていた時であり、時代が佐吉を応援したのである。

日本初の佐吉の動力織機の発明は、1898年（明治31）に特許を取得した「織機」（特許第3173）である。その特許に基づく製品「豊田式汽力織機」は、機械を構成するフレームが木製で、動力を伝達する歯車やシャフト類が鉄製の木鉄混成動力織機である。佐吉が生涯に日本で取得した工業所有権は、特許40件、実用新案権５件の総計45件に上った。また、「環状織機」や「経糸解舒（たていとかいじょ）及緊張装置」、「自動杼（ひ）換装置（押上式）」等の日本特許８件を海外19カ国に出願し、延べ62件の外国特許権を得ている。

工業所有権45件の内訳は、織機および織機の機構に関するものが38件と大部分を占めている。その他、糸繰返機、管巻機等の織布準備用機器に関するものが４件、環状単流原動機（ロータリー式蒸気機関）に関するものが３件である。

佐吉が名古屋に進出した（トヨタ自動車の本社は名古屋にある）のは、同郷の知人で金物製造業者の野末作蔵が名古屋にいたからである。佐吉は1894年（明治27）に野末を訪ね、織機用の金物製作を依頼した。翌年1895年（明治28）に野末は、織機用鉄製部品を製作し、その部品は動力織機の試験工場で組み付けられた。1896年（明治29）には動力織機の試作が完成し、試験運転と改良の後、1897年（明治30）に実用化され、1898年（明治31）に特許権を取得した。

佐吉が野末を訪問した1894年（明治27）には、長男の豊田喜一郎が誕生し、喜一郎が現在のトヨタ自動車の礎（いしずえ）を築くことになる。

10. 日本の特許制度の確立

銀行制度や会社制度、高等教育制度等、明治期に入ってさまざまな近代的制度・法律が整備されるがその一つに特許制度がある。特許制度は、発明を奨励するため一定の期間、発明者の独占的な製造・使用・販売権を保証する制度で工業所有権（工業所有権：特許権、実用新案権、意匠権、商標権等の総称）の一種である。すでに幕末には、欧米の社会や文化を解説した福沢諭吉の『西洋事情』(1866－1870）等を通して、特許制度は紹介されていた。1871年（明治４）公布の専売略規則を経て、高橋是清を中心に本格的な立案作業が進められ、1885年（明治18）に専売特許条例が成立した。

この間、制度が未整備であった時期には、紡績機械のガラ紡を発明した臥雲辰致のように、大量の模造品の横行で困窮に陥る者もいた。また当初、外国人には特許権を認めていなかった。その後、治外法権（領事裁判権）の撤廃にかかわる不平等条約改正の交渉過程で、外国人の特許権取得も認められるようになった。1899年（明治32）の特許法の制定等、法的な整備も進み、特許制度は、経済活動の基礎を支える制度として、産業の発展や科学技術の振興に大きく貢献した。

次に、特許登録件数を示す次のグラフを示す。

（特許庁編『工業所有権制度百年史』により作成）

図２．８　特許登録件数の推移（1885年～1905年）

日英通商航海条約（領事裁判権撤廃・関税率引き上げ・相互対等の最恵

国待遇を内容とする）は、1894年（明治27）に調印されている。しかしグラフより特許登録件数が上昇したのは、1900年（明治33）からである。これは1899年（明治32）に旧特許法（明治32年法律第36号）が制定され、日本政府がパリ条約（特許に関する国際的な基本原則が定めた原則）に加盟したことによる。

ここで、日本の特許法の推移を確認しておく。

日本では明治維新後の1871年（明治４）に最初の特許法である専売略規則（明治４年太政官布告第175号）が公布されたが、この制度は利用されず当局も十分に活用できなかった。翌年に廃止された。よってガラ紡を特許化できず臥雲辰致破産。その後1885年（明治18）、本格的特許法である専売特許条例（明治18年太政官布告第７号）が公布・施行された。1888年（明治21）には審査主義の特許条例（明治21勅令第84号）が公布された。豊田佐吉の最初の特許である「織機」はこの法律による。1899年（明治32）には旧特許法（明治32年法律第36号）が制定され、日本政府はパリ条約（特許に関する国際的な基本原則が定めた原則）に加盟した。1921年（大正10）に制定された大正10年法では先願主義が採用され、現在の特許法の基本が作られた。現行特許法（昭和34年法律第121条）は、1959年（昭和34）に全面改訂された昭和34年法を逐次部分改訂したものである。

第3章
再生繊維レーヨンの登場

1．銅アンモニアレーヨン（キュプラ）

綿糸はセルロース分子からなる。セルロースは植物細胞の細胞壁、植物繊維を構成する。セルロース分子は$(C_6H_{10}O_5)_n$と表され、分子量は数百万から数千万であり１万を超える。セルロースの構成単位の$C_6H_{10}O_5$はβ-グルコースと呼ばれる。β-グルコースの正しい分子式は$C_6H_{12}O_6$であるが、セルロース分子中では１分子の水H_2Oがとれて結合している。つまり縮合重合している。nを重合度という。セルロース分子の結合状態を次に示す。

$$—(C_6H_{10}O_5)—(C_6H_{10}O_5)—(C_6H_{10}O_5)—(C_6H_{10}O_5)—\cdots\cdots$$

前述の生糸を構成するタンパク質フィブロインも分子量が１万を超えており、高分子（分子量が１万以上の分子）である。つまり天然繊維は全て高分子である。ちなみに植物の実、つまり米等を構成するデンプンは２種類ある。デンプンを80℃の湯につけておくと、溶性部分と不溶性部分に分離する。溶性部分をアミロースといい、不溶性部分をアミロペクチンという。アミロースもアミロペクチンも共に分子式は$(C_6H_{10}O_5)_n$であり、構成単位はα-グルコースと呼ばれる。β-グルコースとα-グルコースは分子式は同じであるが、立体構造が異なる立体異性体である。アミロースの分子量は$(3.4\sim17)\times10^4$、アミロペクチンの分子量は$(5\sim5000)\times10^4$である。つまり重合度nがアミロペクチンの方が大きい。またアミロースは直鎖状でうるち米（普通の米）や小麦に多く含まれる。アミロペクチンは分枝状でもち米に多く含まれる。

綿糸も木材も同じβ-グルコースを基本単位とするセルロース分子からできているので、木材を液状にして口金から押し出してセルロース分子からなる糸を作れば、綿糸ができるはずである。よって木材の白い部分（パルプ部分）を液化する方法が模索された。

その結果まず木材が水酸化銅(Ⅱ)を濃アンモニア水に溶かした水溶液（シュワイツァー試薬）に溶けることが発見された。つまり木材のセルロースはシュワイツァー試薬に溶けて粘性の高いコロイド溶液になる。この溶液を細孔から希硫酸中に押し出して作る繊維が銅アンモニアレーヨンである。銅アンモニアレーヨンは、非常に細い繊維であり、柔らかい感触と絹に似た風合いがある。織れば光沢があってなめらかな布になるため、舞台用のドレスや服の裏地等によく使用される。日本では一般に、銅アンモニアレーヨンをキュプラと呼ぶ。商品名はベンベルグ(旭化成の登録商標)である。日本では戦前・戦後を通じてキュプラを工業生産しているのは旭化成（およびその前身の日本ベンベルグ絹糸）のみである。また世界で見ても、現在キュプラを生産しているのは旭化成のみである。旭化成が製造しているキュプラ（商品名ベンベルグ）は綿花（コットン）の種の周りのうぶ毛（コットンリンター）のセルロースから製造されている。キュプラ（銅アンモニアレーヨン）の歴史を次に示す。

1897年（明治30）：ドイツのJ. P. ベンベルグ社が銅アンモニア法レーヨンの工業化に成功。

1928年（昭和３）：ドイツのJ. P. ベンベルグ社から旭化成（当時は日本ベンベルグ絹糸であり、日本窒素肥料の子会社であった）が技術導入。

1931年（昭和６）：宮崎県延岡市にベンベルグ工場を建設し、操業開始。

世界的に見れば、銅アンモニアレーヨンの工業化が次に示すビスコースレーヨンよりは早い。しかし日本ではビスコースレーヨンの工業化が銅アンモニアレーヨンの工業化よりも10年以上早い。銅アンモニアレーヨンの生成過程は次式で示される。第３式の右辺でセルロース$(C_6H_{10}O_5)_n$が再生されていることに注意せよ。

$Cu(OH)_2 + 4NH_3 \rightarrow [Cu(NH_3)_4](OH)_2$（シュワイツァー試薬）

$2(C_6H_{10}O_5)_n + n[Cu(NH_3)_4](OH)_2 \rightarrow \{(C_6H_9O_5)_2[Cu(NH_3)_4]\}_n + 2nH_2O$

$\{(C_6H_9O_5)_2[Cu(NH_3)_4]\}_n + 3nH_2SO_4 \rightarrow$

$2(C_6H_{10}O_5)_n + nCuSO_4 + 2n(NH_4)_2SO_4$

セルロース

ここでレーヨンの語源を見ておこう。レーヨンrayonは、ray（光線）とcotton（綿）の合成語である。直訳すれば光る綿となる。戦前には、直訳して光棉（こうめん）と呼ばれていた。綿と棉は同じ意味で使われている。キュプラcuproはcuprammonium rayonを短縮した呼び名である。cuprは「銅と」の意味である（銅はcopper）。ammoniumはアンモニアである。つまりキュプラは銅とアンモニアからできたレーヨンという意味である。現在キュプラは人工透析膜としても利用されている。

2．ビスコースレーヨン

銅アンモニアレーヨンに次いで発見されたのがビスコースレーヨンである。木材を水酸化ナトリウムに溶かし、さらに二硫化炭素CS_2を加える方法である。つまり、木材パルプを原料に水酸化ナトリウムと反応させアルカリセルロースとし、二硫化炭素を反応させセルロースキサントゲン酸ナトリウムを得る。これを希水酸化ナトリウム水溶液に溶かすと赤褐色の粘度の高いビスコース（viscose）と呼ばれる溶液を得る。ビスコースを希硫酸中に押し出すと、セルロースが再生されて繊維となる。これがビスコースレーヨンである。ビスコースを薄膜状に押し出して紙状にしたものをセロハンといい、テープや包装材料等に使用される。ビスコースレーヨンは吸湿性があることから、服や下着に用いられる。また丈夫なため、自動車のタイヤコード等にも利用されている。原料としての木材パルプは無限といってよい（植林で再生可能）ので、資源のない日本にとってはうってつけの産業がビスコースレーヨン産業であったのである。ビスコースレーヨンの生成過程は次式で示される。

セルロース$(C_6H_{10}O_5)_n$分子の基本構造であるβ-グルコースは三つの

OH基（ヒドロキシ基）を持つので、セルロース分子は$[C_6H_7O_2(OH)_3]_n$と表されることがある。第３式の右辺でセルロース$(C_6H_{10}O_5)_n$が再生されていることに注意せよ。

$$[C_6H_7O_2(OH)_3]_n + nNaOH \rightarrow [C_6H_7O_2(OH)_2(ONa)]_n + nH_2O$$

セルロース　　　　　　　　　　アルカリセルロース

$$[C_6H_7O_2(OH)_2(ONa)]_n + nCS_2 \rightarrow [C_6H_7O_2(OH)_2(OCSSNa)]_n$$

アルカリセルロース　　　　　　　　セルロースキサントゲン酸ナトリウム

$$2[C_6H_7O_2(OH)_2(OCSSNa)]_n + nH_2SO_4 \rightarrow 2n(C_6H_{10}O_5)_n + 2nCS_2 + nNa_2SO_4$$

セルロースキサントゲン酸ナトリウム　　　　　セルロース

ビスコースレーヨンの歴史を次に示す。

1901年（明治34）　ドイツのドンネルマルク社がビスコースレーヨンを工業化。

1904年（明治37）　イギリスのコートールズ社がビスコースレーヨンを工業化。

1916年（大正５）　1907年(明治40)に鈴木商店が買収した東レザー(1908(明治41) 年に東工業と名称変更) の米沢市の分工場である米沢人造絹糸製造所でビスコースレーヨンを日本で最初に工業化した。

1918年（大正７）　米沢人造絹糸製造所が分離して帝国人造絹糸として設立。帝国人造絹糸が現在の帝人の始まりである。

㈳日本化学会が認定化学遺産005号として、2010年（平成22）３月に「ビスコース法レーヨン工業の発祥を示す資料」として、次の３資料を認定した。

⑴　旧米沢高等工業学校（現山形大学工学部）旧秦逸三研究室遺留品のレーヨン糸、ガラス製ノズル、実験器具。

⑵　米沢工場初期の人絹糸。

⑶　米沢人造絹糸製造所創業時の木製紡糸機模型。

秦逸三（はたいつぞう：元米沢高等工業学校教授）は、久村清太（くむらせいた：元東工業技師長、後に帝国人造絹糸社長）と協力してビスコースレーヨンの工業化に取り組んだ。秦と久村は東京帝国大学工科大学化学科の同級生である。

1922年（大正11）に設立された旭絹織は、ドイツのグランシェトフビスコース社からビスコースレーヨンの技術導入を契約した。そして1924年（大正13）に膳所工場操業を開始した。ここで作られたビスコースレーヨン糸は先発の1918年（大正７）設立の帝国人造絹糸のビスコースレーヨン糸の品質と劣らずその差をなくすことに成功している。1933年（昭和８）に旭絹織と日本ベンベルグ絹糸が合併し旭ベンベルグ絹糸が発足した。つまり旭ベンベルグでは、ベンベルグ（キュプラ）とビスコースレーヨンの両方が作られた。

1971年（昭和46）帝人のビスコースレーヨン事業の撤収を筆頭に旭化成や他の主要レーヨン製造会社もビスコースレーヨンからは撤収している。現在、日本でビスコースレーヨンを製造している企業は、ダイワボウレーヨンとオーミケンシのみである。

しかし現在、レーヨンは地球に負荷を与えないエコ繊維として再び脚光を浴びている。その理由は次の通りである。

⑴　人工林の計画植林で持続的再生可能な木材を原料としている。
⑵　地表、土中、海中でもバクテリアにより容易に分解し、消滅する。
⑶　燃焼しても有毒ガスを発生する成分を含んでいない。
⑷　焼却しても二酸化炭素と水になる。
⑸　廃棄手段を選ばず、環境に与える負荷が小さい。

３．秦逸三

作家丹羽文雄氏が秦逸三の伝記を書いている。『秦逸三』（1955、帝国人造絹糸株式会社）である。ここに取り上げられている秦逸三のエピソードを紹介しよう。

「秦逸三教授は、実験研究に熱中するあまり、肝腎の学生への講義を忘れることがあった。すると大竹校長が秦のために代わって講義した。カーキ色の実験服に身を固めて、若々しい逸三は、八の字の髭をはやして、濃い眉を動かしていた。

応用化学科の実験室の一隅を占めた人絹研究の装置は、異彩を放っていた。実験用の器具器械は、すべてあり合わせのものであり、どこにもあるビーカーとフラスコ、アルコール・ランプであった。……その当時の応用化学科科長は山崎甚五郎であった。彼は秦逸三が応用化学科に入ってきた時から、肌が合わなかった。意見も合わなかった。逸三が研究に時間を奪われて、講義をなおざりにしたり、研究室を占領したり、応用化学科の予算をほとんど一人で使ってしまったりすることに、がまんのできない人であった。絶えず教授間に秦逸三に対する不平不満をもらしていた。逸三も悪いのである。一年分の応用化学の予算を、自分一人で使ってしまったりして、それを指摘されてみて、はじめてしまったと気が付くのである。応用化学の教授は、秦逸三に反感を持っていた。時には逸三が研究に必要な薬品を倉からだすことを、拒絶した。」

秦逸三は、同僚の教授とは必ずしもうまくいっていなかったことがうかがえる。このような高等工業学校での軋轢もあり、1912年（大正１）に米沢高等工業学校に奉職した逸三は、４年後の1916年（大正５）に同校を依願退職し、同年、欧米へ人造絹糸業視察に出掛け、帰朝した1918年（大正７）に帝国人造絹糸株式会社取締役兼米沢工場技師長に就任している。

４．レーヨン黄金期

1918年（大正７）設立の帝国人造絹糸、1922年（大正11）に設立された旭絹織に続いて1926（昭和１）年に次の４社がビスコースレーヨン工業への進出を決定した（以下ビスコースレーヨンをレーヨンと記す)。東洋レーヨン（三井物産)、東洋紡績、大日本紡績、倉敷紡績である。1926年（昭和１）は政府がレーヨン工業を育成するためにレーヨン輸入に高関税付与を決定していた。絹織物産地は第１次世界大戦の不況対策としてレーヨン織物に期待しており、紡績会社も多角経営の一環としてレーヨンに期待していた時期であった。大手６社によるレーヨン生産量急増は国内販売競争の激化を招き、レーヨン糸は外国市場に向かうことになる。つまり、輸出市場での欧米のレーヨンが企業との競争に打ち勝つためには、さらなる品質向上とコスト削減を強いられることになる。織物産地ではコストの安いレーヨンと生糸や綿糸との交織（交ぜ織り）も行われた。レーヨンの品質向上につれて交織や純レーヨン織物が拡大した。1932年（昭和７）には絹織物の輸出額をレーヨン織物の輸出額が上回り、それ以降、高橋是清蔵相による金輸出再禁止・円安政策により、中国・インド・東南アジアへのレーヨン織物輸出が激増した。まさに「レーヨン黄金時代」の幕開けであった。レーヨン工業の利益率は、紡績業の利益率を常に上回っていた。1932年（昭和７）以降、さらに紡績会社からのレーヨン工業参入が相次ぐ。鐘淵紡績・富士瓦斯紡績・日清紡績・呉羽紡績・豊田紡織・金華紡績等（㈱は略）である。レーヨン糸生産量はさらに増大し、レーヨン織物・レーヨン糸の輸出が激増した。1932年（昭和７）にはレーヨン糸生産高がアメリカに次ぐ世界第２位となり、1937年（昭和12）には日本のレーヨン糸生産会社は21社に上り、生産量は15.2万tに達しアメリカを抜いて世界第１位となった。なお、レーヨンは、日本国内では人絹(じんけん)ともいわれた。

5．スフ登場

糸は長繊維（filament fiber）と短繊維（staple fiber）に分類される。短繊維とは短い繊維の集まりによってできた糸である。綿や羊毛等が短繊維に該当する。綿繊維の１本の長さは約３cmで、羊毛短繊維の１本の長さは約10cmである。綿や羊毛では繊維単体では長い糸を作れないため、撚りをかけて紡ぐことになる。つまり撚りをかけることにより繊維を締め付け、糸としての強度を保つわけである。短繊維から作られた糸を紡績糸やスパン糸（spun yarn）ということもある。天然繊維の長繊維の代表が生糸であり、一つの繭から1500mの１本の糸が取れる。つまり１本の繊維が1500mである。長繊維を用いて作られた糸をフィラメント糸やフィラメントヤーン（filament yarn）と呼ぶ。ビスコースレーヨン・キュプラ共に希硫酸中に細孔からセルロースを押し出して糸にするのでその長さは無限といえ、長繊維である。1920年（大正９）頃より、海外でレーヨン糸の生産が増加するにつれて、途中で切れた糸くずの量が増加した。これを短く切って繊維とし、羊毛と混ぜて紡糸することが行われた。次にレーヨン会社はビスコースレーヨンのフィラメント糸を短く切断して（3～10cm)、ステイプルファイバーを作り始めた。イギリスのコートールズ社が1925年（大正14）にビスコースレーヨンのステイプルファイバーを紡糸する工場を建設し、操業を開始したのがはじめである。

日本では、ビスコースレーヨンのステイプルファイバーを短縮してスフと呼んでいる。太平洋戦争前においてはキュプラの短繊維は作られていない。つまり、ビスコースレーヨンを短く切断し、カール（捲縮）を施したものがスフである。日本最初にスフを工業化したのは1933年（昭和８）の日東紡績冨久山（ふくやま）工場である。スフの生産量は専業企業や工場の登場、レーヨン企業の進出が相次ぎ、1935年（昭和10）以降生産量が拡大していった。特に1936年（昭和11）５月、オーストラリアが関税引き上げを実施したのに対しその報復として「通商擁護法」を発動しオーストラリアからの羊毛輸入制限を行うに至って、アウタルキー（自給自足）経済確立への要望が高まり、さらに1937年（昭和12）７月の日華事変勃発によってスフはその増産を強めた。同年９月からは軍需産業優先政策の一環として施行された「臨時資金調整法」によって繊維産業の大半は設備の改良や新増設が資金的に抑制された。しかしステイプルファイバーは「国策繊維」として1938年（昭和13）１月までその適用が猶予された。1937年（昭和12）11月から羊毛製品に対する「ステイプルファイバー等混用規則」、1938年（昭和13）２月からは「綿製品ステイプルファイバー等混用規則」が実施され、内需向け羊毛・綿製品に必ずステイプルファイバーを混ぜねばならなくなった。さらに積極的に輸出の振興を図るために、製品輸出量に対して品種ごとに一定量の原料輸入権を与える輸入リンク制が1938年（昭和13）に実施された。レーヨン製品では1938年（昭和13）８月にレーヨン糸、同年10月にレーヨン織物、1939年（昭和14）２月にステイプルファイバーおよび同製品に対して輸入リンク制が実施された。1938年（昭和13）にはスフの生産量は15万ｔを記録し、世界一の生産量を誇った。

次に前出の図２．７のグラフに人絹（レーヨンフィラメント糸）とスフの生産量を加えたグラフを示す。人絹（レーヨンフィラメント糸）の生産量は1933年（昭和８）に生糸生産量を凌駕した。また1938年（昭和13）にはスフの生産会社は33社44工場に上り、スフの生産量が人絹（レーヨンフィラメント糸）生産量を凌駕した。

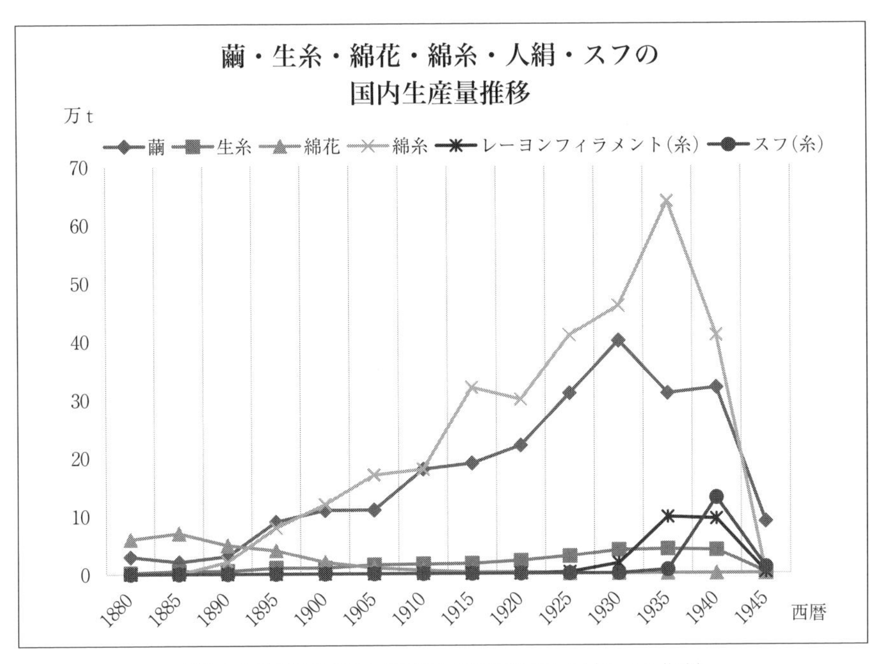

（『日本化学繊維産業史』『現代日本産業発達史（上）』より作成）

図３．１　繭・生糸・綿花・綿糸・人絹・スフの国内生産量推移

第4章
それはニューヨークタイムズ「合成シルク」の記事から始まった

1．ナイロンの報道

時は1931年（昭和６）９月２日、ここはアメリカ、ニューヨークマンハッタン、世界一の摩天楼エンパイアステートビル７階の三井物産ニューヨーク支店のオフィスである。支店長の酒井茂は、出社していつものようにニューヨークタイムズに目を通していた。

「化学者、合成シルク作成。ディポン社の専門家が長期間の実験の結果をバッファローの会議で話す。」の見出しが茂の目に飛び込んできた。酒井は驚愕した。アメリカドルの稼ぎ頭は、まさにシルクであり、我が国輸出総額の20%を占めており、三井物産もそのシルクを扱っていたからである。「合成シルク」が日本のシルクに取って代わると、日本の輸出が大打撃を受け、三井物産自体が被害を受けるだけでなく、日本が沈没してしまう可能性があるからである。

酒井はさらに記事を読み進んでいった。

「デラウェア州ウィルミントン市にあるデュポン社の実験施設の責任者である、W.H. カロザース氏とジュリアン.W. ヒル氏がシルク状の物質の新しい製法を報告した。彼らは、合成物質から有用な繊維を得る最初の可能性を明白に証明したと述べた。新しい製造物は、計画的に分子をセルロースやシルクに作り替えることであるとも述べた。

従来人工シルクといわれていたレーヨン等は、厳密な合成物質ではない。例えばレーヨンは、植物のからだを作っている複雑な有機化合物であるセルロースにすぎない。このセルロースは蚕を機械に変えることによってレーヨンに変わった。今回の新方法は、単純な有機物質から従来の人工的な方法の１～４倍の分子量を持つより複雑な有機物に変えることを初めて可能にした。

デュポン社の化学者たちは、不凍液であるエチレングリコールから作られた化合物とひまし油をアルカリで加熱ケン化して得られる2価の酸を使用した（ニューヨークタイムズ1931年（昭和6）9月2日、翻訳筆者）」。

酒井は早速この記事を日本の三井物産本社と東レ本社に送付することにした。

2．ナイロン発表

三井物産ニューヨーク支店長の酒井がニューヨークタイムズで「合成シルク」の記事を読んですでに7年の星霜が流れていた。1938年（昭和13）10月27日、ニューヨークのWorld's Fair（世界博）（これはNew York Herald Tribune's Eighth Annual Forum on Current Problemの1部門として開かれたもの）でデュポン社の副社長スタインが、3000人の女性クラブ会員を前にナイロンを公表した。「ナイロンは石炭、水、空気を原料とし、糸は鋼（はがね）と同じぐらい強く、蜘蛛の糸（Web）と同じぐらい細く、しかしどの一般的な天然繊維よりもはるかに弾性的（elastic）である。」実際のデュポン社製のナイロンストッキングの発売は、1年半後の1940年（昭和15）5月15日であり、500万足が即日完売されている。1938年（昭和13）のスタインのナイロン発表後、ナイロンパイロットプラントで製造されたナイロンが見本品として多く出回り、日本にも1938年（昭和13）の暮れには入ってきている。『東洋レーヨン社史』は次のように伝えている。「10月27日にデュポン社はナイロンの発表を正式に行ったので、三井物産ニューヨーク支店に依頼して、ナイロン糸等の試料およびナイロンに関する特許の写しを入手してもらい、これを手掛かりとして研究を進めた。」

さらに『鐘紡百年史』には次の記述がある。

「昭和13年秋、当社ニューヨーク駐在員から、昭和12年デュポン社で開発されたナイロン布地片が津田社長のもとに送られてきた。これが我が国に紹介された最初のナイロンであった。津田社長は早速これを分与し、一片は武藤理化学研究所に検討を命じると共に、一片は当時官民一体で設立されていた日本化学繊維研究所（現京都大学化学研究所）の桜田一郎京大助教授に渡して分析を依頼、さらに一片を農林省蚕糸試験所に送った。」

当時の様子を桜田一郎の著書『高分子化学とともに』（紀伊国屋書店、1969）から見てみる。

「1939年（昭和14）の１月のある日、当時富士紡の大阪駐在員であった荒井溪吉君（現高分子学会常務理事）が研究室を訪れた。ふところから取り出したのは、ナイロンのサンプル0.3mgであった。数日前、鐘紡の津田社長、城戸専務等と面会し、面白い繊維であるとして与えられたのが、ナイロン数mgであった。阪大の呉祐吉君の研究室、その他へも置いてきて、私の手に渡ったのは上記の量であった。『これは大した繊維だ。桜田君、まず構造と性能をはっきりさせてくれ。』とかれは熱意をもって語った。その後、１月中に、各所から、いろいろのナイロンのサンプルを入手した。ナイロンを剛毛に使った歯ブラシが１本あったが、他はいずれも、絹糸様の長繊維であった。荒井君の持ってきたサンプルは0.3mgであり、長さは３cmぐらいに切断してあったが、X線写真を撮影するには多すぎる量である。」

上記の、呉祐吉大阪帝大助教授（当時）と桜田一郎京都帝大教授（当時）は、1939年（昭和14）２月16日大阪で開催された「ナイロンを中心とせる合成繊維講演会」（繊維文献刊行会主催）において、ナイロンの研究成果を発表している。特に桜田は、X線回折の手法によってナイロンがアジピン酸とヘキサメチレンジアミンの縮合重合物であることを0.3mgの試料から決定している。

また、『東洋レーヨン社史』によれば、1939年（昭和14）２月に東レ研究所の星野孝平が加水分解の手法により、ナイロンがアジピン酸とヘキサメチレンジアミンの共重合物であることを決定している。さらに同氏のグループは、同年３月にこの二つの化合物を重合させてナイロンを作り出すことに成功している。

また1938年（昭和13）の暮れ、日東紡績の片倉三平社長が東京工大の中村学長のところに0.2gのナイロン片を持ち込み、星野敏雄助教授の指導下で、岩倉義男卒研生（後東大教授）等が加水分解し、ナイロンがアジピン酸とヘキサメチレンジアミンの縮合重合物であることを突き止めている。この成果は、1939年（昭和14）３月12日発行の『週刊化学工業時報』に掲載されている。

このように、デュポン社の副社長スタインがナイロンを公表した1938年（昭和13）10月27日以降、ナイロン見本品が市場に出回り、その一部が日本に同年暮れに到着した。そして、1939年（昭和14）初頭において、京都帝大では桜田一郎がＸ線により、東京工大では星野敏雄が、東レでは星野孝平が加水分解の手法により、いずれも数mgのナイロン試料からその成分決定を正確に行った。さらに東レでは、1939年（昭和14）３月にナイロン合成にも成功している。これらの事実は、日本の化学技術力のレベルの高さを物語っている。

３．三井物産と東洋レーヨンの関係

『東洋レーヨン社史』は「三井物産ニューヨーク支店に依頼して、ナイロン糸等の試料およびナイロンに関する特許の写しを入手してもらい、これを手掛かりとして研究を進めた。」としているが、ここで三井物産と東洋レーヨンの関係を見ておこう。ここでは『稿本　三井物産株式会社100年史』（1978年（昭和53）、財団法人日本経営史研究所）を参考にする。

三井物産は、1919年（大正８）にイギリスのコートールズ社のレーヨンを独占販売する契約を結び、1919年（大正８）から1925年（大正14）にかけて輸入されたレーヨン糸の39％をコートールズ製品が占めるという実績を上げていた。筆頭常務安川雄之助はコートールズ社の高収益に注目し、1923年（大正12）レーヨン工業の調査を業務課に指示、また同年11月には欧州監査役にコートールズ社との提携が模索された。しかし提携はうまく進展しなかった。そこで1924年（大正13）に米国監査役平田篤次郎を通じ、デュポン社に技術提携を申し入れた。デュポン社は400万円の前金支払いを条件とした。レーヨン部門の歴史が浅く、規模も経験もコートールズ社には遠く及ばないデュポン社に対しては400万円の前金は金額としては莫大であったので、この提携話は打ち切られた。外国企業２社との提携が不調に終わった結果、三井物産では自力でレーヨンの企業化を図ることが検討され、1925年（大正14）７月に人絹（レーヨン）会社設立準備室が新設された。準備室では、欧州監督役瀬古取締役と連絡を取り、当時ドイツのレーヨン機械のコンサルタント会社であったオスカー・コーボン社に機械の取り付けと運転指導を一任した。同年８月４日、人絹会社設立趣意書が三井物産取締役会に提出されて即日可決され、1926年（昭和１）１月の創立総会において資本金1000万円（払い込み資本金250万円）の東洋レーヨンが設立された。役員には、筆頭常務の安川雄之助が取締役会長に、三井物産常務の全員が取締役、監査役に就任した。創立に際しては、外国人技術者24名を雇い入れると共に、日本人技術者の採用・研修も行った。東洋レーヨンは操業当初には業績は振るわなかったが、三井物産の援助の下で外国技術の消化吸収に努め、1932年（昭和７）以降は目覚ましい業績を上げていったのである。

４．ナイロン発明者カロザースの生い立ち

カロザースは、1896年（明治29）アメリカ中西部の田園地帯アイオワ州バーリントンで誕生した。両親は質実を重んじるプロテスタントのプレスビテリアン（長老派）教徒であった。自らのあまりにも過酷な仕事への献身はこの厳格な勤労倫理に根ざした家庭環境の中で形成された。カロザースは長男として生まれ、下に弟１人と妹２人がいた。彼が最も愛着を抱いていた末妹のイザベルは、ノースウェスタン大学に進み、ボストンでラジオの人気DJになっている。イザベルの存在とカロザースの趣味の音楽がデュポン社で過労と孤独に打ちひしがれた彼の心の唯一の慰めでもあった。カロザースはミズーリ州のプレスビテリアン教系のターキオ大学に入学する。この小規模な大学には、ジョンズ・ポプキンズ大学で学位を取ったばかりのアーサー・バーディーが、有機化学と物理化学の教鞭をとっていた。カロザースはバーディーの授業を聞き、化学を志すことになる。ターキオ大学２年生の時、アメリカは第１次世界大戦に参戦する(1914年(大正３))。カロザースは近眼のため兵役免除となる。バーディーは戦時で空

席となったサウスダコダ大学に転勤し、ターキオ大学の後任にはカロザースが推薦された。カロザースは異例にも、大学卒業までターキオ大学非常勤講師と学部学生の二役をこなした。ターキオ大学を1920年（大正９）に卒業後、イリノイ大学の化学科大学院に入学し、翌年には修士号を取得した。イリノイ大学の指導教官はハーバード大学出身のロジャー・アダムスであり、彼は大学の重要な使命は産業のために化学者を育てることだという信念を持っていた。アダムスは化学産業界に広いコネクションを持っており、1918年（大正７）から定年までの40年間に育てたドクター184名のうち、132名が化学産業に就職している。アダムスは特にデュポン社と関係が深く、デュポン社のコンサルタントを務めていた。カロザースを含めて25名のドクターをデュポン社に送り込んでいる。1924年（大正13）にカロザースはPh. D. を取得し、アダムスの推薦でイリノイ大学の有機化学講座の講師となり、さらに1926年（昭和１）には空きが出たハーバード大学の有機化学講座の講師となった。カロザースとアダムスの友情は終生変わらなかった。

5．デュポン社の歴史

デュポン社は、エルテール・デュポン（1771－1834）がデラウェア州ウィルミントンに作った黒色火薬工場が起源である。エルテール・デュポンはフランス革命を逃れてアメリカに亡命した科学技術者であり、ラヴォアジェ（1743－1794）の弟子であった。

1914年（大正３）～1918年（大正７）の第１次世界大戦の全期間を通して、デュポン社は連合国側で消費された火薬の40％を生産した。しかし「火薬を乗り越えて（Beyond explosives）」と呼ばれる拡大プログラムを持っていた。1915年（大正４）の6000万ドル増資、利潤の大部分の内部留保も「戦争終結によって喪失する従業員の雇用を継続するための新産業分野への企業拡大」という考えの下になされた。

1920年（大正９）にデュポン社は、フランスのテキスタイル・アーティフィシャルズ社からビスコースレーヨンの特許を買い受け、ニューヨーク州バッファローにデュポンファイバーシルク社を立ち上げた。当時はまだアメリカのビスコース工業の揺籃期にあり、他にはイギリスのコートールズ社が設立したアメリカンビスコース社のみが存在した。しかし無煙火薬で習得していたセルロース化学の知識がレーヨンの発展に大きく寄与した。無煙火薬の原料はセルロースから作られるトリニトロセルロース $[C_6H_7O_2(ONO_2)_3]_n$ である。トリニトロセルロースは強綿薬とも呼ばれる。セルロースに硝酸を反応させてトリニトロセルロースを生成する反応式を次に示す。

$$\underset{\text{セルロース}}{[C_6H_7O_2(OH)_3]_n} + \underset{\text{硝酸}}{3nHNO_3} \rightarrow \underset{\text{トリニトロセルロース}}{[C_6H_7O_2(ONO_2)_3]_n} + 3nH_2O$$

繊維以外では、1923年（大正12）にはラッカー（商品名Duco）（ニトロセルロースを主成分とする速乾性塗料）を商品化した。Ducoはブルーでありゼネラルモーターズの自動車塗料として好評を博した。1931年（昭和6）には、冷蔵庫・エアコンの冷媒として利用された特定フロン（オゾン層を破壊するので特定を付ける）である二塩化二フッ化炭素 CCl_2F_2（商品名フレオンFreon）を商品化した。当時このフレオンは人体に害を与えない夢の冷媒としてもてはやされた。しかしこの特定フロンは1970年代後半にオゾン層を破壊する最悪のガスとして認識されるに至る。1987年（昭和62）9月（「オゾン層を破壊する物質に関するモントリオール議定書」（モントリオール議定書という）が採択され、1989年（平成1）1月に発効した。その結果、フレオンを含む特定フロン5種類と、フロンのClをBrに置換したハロン（消火剤として使用された）が使用規制となった。日本では1993年（平成5）にハロンが使用禁止、1997年（平成9）に特定フロン5種が使用禁止となった。発明時は夢の物質、年月を経て悪魔の物質（オゾン層破壊物質）となった代表例がフレオンである。

このような時代背景の下、独創的な研究を望んでいたデュポン社の化学部長のスタインは1926年（昭和1）12月の重役会に純粋科学研究の必要性を訴えた。スタインは純粋科学研究の次の四つの利点を強調した。

(1) 会社の宣伝価値が期待できる。

⑵　博士号を持つ科学者の求人が容易になる。
⑶　デュポン社の純粋科学研究成果を他社のそれと交換できる。
⑷　純粋科学は商品開発に応用できる。

特に⑷の効果を「Pure science work might give rise to practical application」と強調した。しかしこの時重役会はスタインの提案が具体的でないとして取り上げなかった。そこでスタインは、翌年３月詳細な基礎研究実施計画を重役会に提案した。そして基礎研究に第一級の科学者と数人の博士研究員の助手をつけた複数グループを組織し、１グループ当たり年間４万ドルを要求した。結局重役会は総額30万ドルの基礎研究予算執行を許可した。

このような多額の研究費が認められた背景にはアメリカ経済の繁栄がある。1921年（大正10）～1929年（昭和４）はアメリカ経済において第１次世界大戦後の戦争景気であり、「Prosperity Decade（繁栄の10年）」「The Expansive Twenties（拡大の20年代）」といわれた。工業生産指数は1921年（大正10）を100とすると1929年（昭和４）には190と倍増し、卸売物価はほぼ横ばい、国民総所得は1921年（大正10）の594億ドルから1929年（昭和４）には872億ドルへと50％近く拡大し、人口１人当たりの実収入も1921年（大正10）の522ドルから1929年（昭和４）には716ドルへと40％近く増大している。

1927年（昭和２）、デュポン社は基礎研究のための新しい実験棟を建設した。まず、コロイドグループが組織された。次に有機化学グループが組織されることになったが、そのリーダーにイリノイ大学のロジャー・アダムス教授がノミネートされた。アダムス教授自身は辞退したが、教え子のカロザースを推薦した。名門ハーバード大学講師の地位と学究生活を捨てて一企業に移ることはカロザースにとって大きな決断であったことであろう。1953年（昭和28）、カロザースのデュポン社での同僚であったフローリーが日本の東洋レーヨンに招かれて来日し講演した。その時カロザースについて次のように語っている。

「彼は無口で落ち着きがない。今日の催のような多数の人前では私より神経質であるが、二、三人の少人数では非常に親切でおもしろい人であった。」(『東レ時報』、東洋レーヨン株式会社、1953年12月号)。アダムス教授もカロザースについては、人前で科学的会合でさえも話をするのをひどく嫌ったと指摘している。つまりカロザースは学生に興味を持たせるような授業が不得手であり、同僚教授に見られるような政治的手腕と指導性を持ったトッププロフェッサーになるタイプでないことを自覚していたことが、企業の研究職に移る最大の要因であったことが推察される。彼がデュポン社に移った理由は次のようにまとめられよう。

(1) 授業をしなくてよく、研究・実験に専念できる。
(2) 訓練された研究者を部下として持つことができる。
(3) 給与の倍増。ハーバード大学講師の年棒は3200ドルであったが、デュポン社では6000ドルである。

このようにしてカロザースは、1928年(昭和3)2月デュポン社の基礎研究実験棟があるデラウェア州ウィルミントンに移り、この後9年間有機化学基礎研究プログラムに従事することになる。

6. カロザースのナイロン発明

カロザースがデュポン社に入社した1927年(昭和2)頃、分子量が1万以上の分子、つまり高分子の存在は確定していなかった。高分子(macromolecule)という名称を提案したのは、ドイツのシュタウディンガー(1881－1965:1953年(昭和28)ノーベル化学賞受賞)であり、これを高分子と翻訳したのは京都大学教授の桜田一郎である。1925年(大正14)、チューリッヒ工科大学教授のシュタウディンガーはスイスのチューリッヒ化学会で、合成したポリスチレンが高分子であることを発表した。当時は分子量が5000以上の分子はないというのが通説であった。さらにシュタウディンガーは1926年(昭和1年)のドイツ自然科学者医学者協会では、浸透圧法や粘度法による測定から、セルロース、デンプン、タンパク質等が高分子であると主張した。しかしシュタウディンガーは四面楚歌の状態であった。一方、スウェーデンのウプサラ大学教授のスベドベリ(1884－1971:1926年(昭和１年）ノーベル化学賞受賞）は、1924年（大正13）超遠心分離機を作ることに成功し、この機器を利用して1926年（昭和１）から1928年（昭和３）にかけてタンパク質の分子量が高分子であることを発表した。つまり回転により、重い分子ほどセル内をより外側に移動するという単純原理を利用して、タンパク質であるヘモグロビン分子量68000、卵アルブミン分子量45000、血清アルブミン分子量67000等を導き出した。

このような時期にカロザースはデュポン社に入社し、基礎化学研究を開始するのである。カロザースは研究目標を次の２点に絞った。

⑴　確立された有機反応を使って構造が断定できる高分子を設計する。

⑵　その生成物の特性と高分子構造との関係を調べること。

カロザースの目標は、構造既知の低分子を基本的な有機反応を使って一つひとつ結び付けていけばやがて構造既知の長い鎖状分子が得られるという論法である。この方法が成功すれば当然高分子の存在は自明の理となる。

カロザースはデュポン社在職中、有機化学基礎研究のグループリーダーの地位にあった。第一線の研究指導者ではあっても、研究マネージャーではなく、自分のグループの研究成果を企業のビジネスにどのように応用展開させるかは上司の化学部長スタイン、後にはボルトンの任務であった。カロザースグループの研究は次の三つの時期に区分できる。

⑴　1928年（昭和３年）３月～1930年（昭和５年）６月、２年３カ月：
　　脂肪族ポリエステル

脂肪族とはベンゼン環⬡（六角形の頂点に炭素原子Ｃがあり、６個の炭素原子に水素原子Ｈが結合しているが、構造式はＣもＨも略するのがルール）を持たず、鎖状の炭化水素を指す。

例えばカロザースは次のような縮合重合を行った。

$$nHOOC-CH_2CH_2CH_2CH_2-COOH+nHO-CH_2CH_2CH_2CH_2CH_2CH_2-OH$$
$$\rightarrow [-OC-CH_2CH_2CH_2CH_2-COO-CH_2CH_2CH_2CH_2CH_2CH_2-O-]_n$$
$$+2nH_2O$$

縮合重合とは、上式で示したように２分子からH_2Oのような簡単な分子が取れて２分子が結合する反応が繰り返されて長い分子ができる反応を指す。—COO—をエステル結合という。カロザースは25種類の２価カルボン酸HOOC—R_1—COOHと25種類の２価アルコールHO—R_2—OHの縮合重合の実験を実施した。つまり25×25＝625種類以上の実験を行ったわけである。しかし得られたポリエステルの分子量は、1500～4000であり、高分子ではなかった。カロザースが得たポリエステルはロウ状でもろいものであり、工業的には見込みはなかった。これらの脂肪族ポリエステルの実験は1929年（昭和４）４月13日付けで『アメリカ化学会誌』に投稿され、同年８月７日に出版された。

1930年（昭和５）４月にカロザースグループは、縮合重合とは異なる付加重合という手法で合成ゴムであるクロロプレンゴム（商品名ネオプレン）の合成に成功した。これは２-クロロ1,3ブタジエン分子にある二つの２重結合を切断して次々と分子を結合していく重合方法である。

$$nCH_2{=}CCl{-}CH{=}CH_2 \rightarrow [{-}CH_2{-}CCl{=}CH{-}CH_2{-}]_n$$

２-クロロ1,3ブタジエン　　　　　クロロプレン（ネオプレン）

上式の左辺の二つの２重結合が切断されたが、右辺を見ると新たに真ん中に２重結合ができていることに注意せよ。この新たにできた２重結合がゴムの弾性を生んでいる。デュポン社はネオプレンを翌年の1931年（昭和６）から工業化・販売を開始した。

1930年（昭和５）の４月までにカロザースグループは、高分子を作成していくのに不可欠な次に示す二つの重要な方法を発明した。

①　分子蒸留（molecular still）……真空度が1×10^{-4}hPaで行う蒸留技術。例えば、

$$nHOOC{-}R_1{-}COOH + nHO{-}R_2{-}OH \Leftrightarrow [{-}OC{-}R_1{-}COO{-}R_2{-}O{-}]_n + 2nH_2O$$

において（⇔は化学平衡を示し、右向きの反応速度と左向きの反応速度が等しい状態を示すものとする）、高真空下では右辺のH_2Oがすぐに蒸発して真空ポンプに引かれ取り除かれる。よってルシャトリエの原理によって

反応が水を生成する右に進み、ポリマー(重合した物質)の重合度が増す。

●ルシャトリエの原理：ルシャトリエ（1850－1936）元ソルボンヌ大学教授が1884年（明治17）に発表した原理。化学反応が平衡状態にある時、温度・圧力・濃度等の条件を変えると条件変化の影響を和らげる方向に反応が進み新たな平衡状態になる。この原理は高校化学で最も重要な概念の一つである。

②　冷延伸（cold drawing)……常温で溶融ポリマーを引き延ばすこと。

冷延伸によって繊維としての優れた物理的性質が現れる。例えば引っ張り強度、柔軟性、弾性、透明度、光沢等が増す。ポリマーが外部から張力を受けるとき長い分子が一つずつ規則正しく一列に平行に整列し、この状態で分子間の引力が最も有効に作用し、冷延伸された糸は最大限の可能な強度を示す。この冷延伸されたポリマーがカロザースに人工繊維合成を確信させたのであった。

⑵　1930年（昭和５年）７月～1933年（昭和８年）７月、３年：ポリアミド（ポリε-アミノカプロン酸）

カロザースは、1930年（昭和５）７月に脂肪族エステルの高分子化研究をあきらめ、天然繊維の絹と分子構造が似ているε-アミノカプロン酸の縮合重合に研究対象を移した。ここでカロザースは最大のミスを犯した。彼は芳香族エステル（ベンゼン環を持つエステル）の研究を逃したのである。現在世界で最も多く作られている合成繊維のポリエチレンテレフタラート（PET）は、芳香族カルボン酸であるテレフタル酸HOOC⬡COOHとエチレングリコール$HOCH_2CH_2OH$の縮合重合で得られている。この芳香族ポリエステルであるポリエチレンテレフタラート繊維は、イギリスのキャリコプリンターズ社が1941年（昭和16）に発表している。

ε-アミノカプロン酸の縮合重合の反応式は次式である。

$$nH_2N-CH_2CH_2CH_2CH_2CH_2-COOH + nH_2N-CH_2CH_2CH_2CH_2CH_2-COOH$$

ε-アミノカプロン酸　　　　ε-アミノカプロン酸

$$\rightarrow [-HN-CH_2CH_2CH_2CH_2CH_2-\underline{CONH}-CH_2CH_2CH_2CH_2CH_2-CO-]_n + 2nH_2O$$

または

$$nH_2N-CH_2CH_2CH_2CH_2CH_2-COOH \rightarrow$$

ε-アミノカプロン酸

$$[-HN-CH_2CH_2CH_2CH_2CH_2-CO-]_n + nH_2O$$

上式の下線部のCONHはアミド結合という。タンパク質では特にペプチド結合と呼びタンパク質を形成する重要な結合である。絹はタンパク質であるので、多くのペプチド結合を持つポリペプチドである。ε-アミノカプロン酸の縮合重合で作られたポリマーはポリε-アミノカプロン酸（εを省いてポリアミノカプロン酸ともいう）は、ポリペプチドである。合成化合物の場合は、ポリペプチドとはいわずポリアミドという。ポリペプチドもポリアミドも多くのCONHを持つので、ポリε-アミノカプロン酸は絹に類似しているのである。

1930年（昭和５）10月９日に投稿されたカロザースの論文では、ε-アミノカプロン酸の縮合重合で作られたポリアミドの重合度は10程度あるとしている。1931年（昭和６）７月３日に出願されたアメリカ特許では、ε-アミノカプロン酸の縮合重合で作られた分子量1000のポリアミドを200℃で２日間分子蒸留すると、未処理の時より強く屈曲性を増したと記しているにすぎない。つまり高分子（分子量10000以上の分子）を作成することに失敗している。ここでもカロザースは大きな失敗を犯している。ε-アミノカプロン酸を環状にした分子（ε-カプロラクタムまたは単にカプロラクタムという）から出発して、東レはカロザースが作った後述のナイロン66とは異なるナイロン６を作ることに、1941年（昭和16）５月に成功している。さらに東レは太平洋戦争中の1943年（昭和18）８月には製造したナイロン６を「アミラン」と名付け商標登録している。つまりカロザースは、ε-カプロラクタムが重合しないと考えたのである。実際は次のように重合し高分子となる。

$$n\ \begin{matrix} & O & & H & \\ & \| & & / & \\ & C & - & N & \\ / & & & & \backslash \\ H_2C & & & & CH_2 \\ | & & & & | \\ H_2C & & & & CH_2 \\ & \backslash & & / & \\ & & CH_2 & & \end{matrix} \rightarrow [-HN-CH_2CH_2CH_2CH_2CH_2-CO-]_n$$

ε-カプロラクタム　　　　ナイロン6

結局ε-アミノカプロン酸から高分子を作ることができなかったカロザースは、ポリε-アミノカプロン酸と同様にポリアミド結合を作るのに、二つの分子を使うことを考えた。ジカルボン酸$HOOC-R_1-COOH$とジアミン$H_2N-R_2-NH_2$を縮合重合させるのである。それが次に示す期間である。

(3)　1934年（昭和９）春～1935年（昭和10）春、１年

ジカルボン酸とジアミンの反応式を示す。

$$nHOOC-R_1-COOH+nH_2N-R_2-NH_2 \rightarrow [-OC-R_1-CONH-R_2-NH-]_n+2nH_2O$$

カロザースグループは、R_1の炭素数が２～10の９種類、R_2の炭素数も２～10の９種類を互いに重合させた。つまり、９×９＝81種類の実験を行った。脂肪族エステル作成の時と同様に、途方もない労力を要する実験を行ったのである。ナイロン66はカロザースグループのバーチェットが1935年（昭和10）２月28日に合成した。ナイロンxyの名称は、xがジアミンの炭素数、yがジカルボン酸の炭素数を指す。多くのナイロンxyは高分子として合成できた。ナイロン66の縮合重合の反応式を次に示す。

$$nHOOC-(CH_2)_4-COOH+nH_2N-(CH_2)_6-NH_2 \rightarrow$$

アジピン酸　　　　ヘキサメチレンジアミン

$$[-OC-(CH_2)_4-CONH-(CH_2)_6-NH-]_n+2nH_2O$$

ナイロン66

カロザースははじめ、ナイロン510が有望と考えた。これを紡糸し、織物サンプルを作って、レーヨン事業部に評価を依頼した。レーヨン事業部はポリアミド繊維は①高弾性　②水に影響されない強度　③高度な対疲労性があり、合成繊維として顕著な可能性があるとした。しかしナイロン510は融点が低くアイロンに耐えられないとした。そこでナイロン510よりも融点が高い高分子が探されたが、先に挙げたナイロン66は融点が高く、しかも原料のジカルボン酸であるアジピン酸（炭素数6）がベンゼン（炭素数6）より作ることができ、さらにジアミンのヘキサメチレンジアミン（炭素数6）もアジピン酸から作ることができるので経済的であった。つまりベンゼンから次の順に作ることができた。

ベンゼン C_6H_6 → アジピン酸 $HOOC—(CH_2)_4—COOH$ →
アジポニトリル $NC—(CH_2)_4—CN$ →
ヘキサメチレンジアミン $H_2N—(CH_2)_6—NH_2$

化学部長ボルトンは、ナイロン66に集中し、他のポリアミドの研究は中止させた。カロザースは1935年（昭和10）春頃より、持病であったうつ病が重症化し、研究が困難な状況になった。会社の勧めもあり、1936年（昭和11）2月21日、デュポン社の特許係であったヘレン・スイートマンと結婚した。しかしうつ病の症状は改善には至らず、1937年（昭和12）4月29日青酸カリで自殺した。享年41歳であった。しかし同年11月27日にヘレンは女児を生んだ。カロザースは生涯に化学論文52本、米国特許69件を取得した偉大な化学者であったが、最大の罪は父のいない子供を作ったことであろう。

デュポン社は1938年（昭和13）10月27日ニューヨークの世界博でナイロン66を発表し、1940年（昭和15）5月15日にナイロンストッキングを発売し、500万足を即日完売した。以後太平洋戦争（1941年（昭和16）12月8日）に突入するまでナイロンストッキング発売日にはデパートの周りを取り囲む女性のNライン（ナイロンライン）と呼ばれる行列ができたという。

なおナイロン（nylon）の名称は、伝線しない：ノーラン（no run）をもじって付けられた。つまりナイロンは、ナイロンストッキングが伝線しないストッキングであることを強調するために付けられた名称である。

ナイロン66の1分子には原料分子であるアジピン酸やヘキサメチレンジアミンが何分子存在するのであろうか？　またアミド結合（CONH）がどのくらいの数存在するのかをここで考えてみる。平均分子量14000のナイロン66の1分子で考える。原子量は H＝1.0　C＝12　N＝14　O＝16 である。

まずアジピン酸分子数とヘキサメチレンジアミンの分子数を計算する。
$[-OC-(CH_2)_4-CONH-(CH_2)_6-NH-]_n = [C_{12}H_{22}O_2N_2]_n$ より、
ナイロン66の分子量＝$(12\times12+1\times22+16\times2+14\times2)n=226n=14000$
$\therefore n=61.9\fallingdotseq62$　［　］の中にアジピン酸とヘキサメチレンジアミンが1分子ずつ入っているのでアジピン酸の数とアジピン酸の数は共に62である。

次にアミド結合数を考える。
例えば $n=2$ の時の分子式は次式である。
$[-OC-(CH_2)_4-\underline{CONH}-(CH_2)_6-\underline{NH]-[CO}-(CH_2)_4-\underline{CONH}-(CH_2)_6-NH-]$

つまり［　］と［　］の間に原子の向きが異なるアミド結合が一つずつ入っていく。つまり、［　］の数を n とすると（$n-1$）の向きが逆のアミド結合 $\underline{NHCO}$ が $[-OC-(CH_2)_4-CONH-(CH_2)_6-\underline{NH}-]$ と $[-\underline{OC}-(CH_2)_4-CONH-(CH_2)_6-NH-]$ の間に存在する。$\underline{NHCO}$ と $\underline{NHOC}$ は同じものであることに注意。よって全てのアミド結合の数は、
$n+(n-1)=2n-1$ 存在する。今、$n=62$ より、$2\times62-1=163\fallingdotseq160$ となる。

第1章6項で述べたように、生糸分子であるフィブロインの分子量は約37万で、1分子は約4000個の α-アミノ酸からなる。α-アミノ酸と α-アミノ酸が縮合して間にペプチド結合が生じる（アミド結合とペプチド結合は同じCONHであり、タンパク質の場合アミド結合を特にペプチド結合と呼ぶ。以下ペプチド結合もアミド結合と呼ぶ）。したがって生糸1分子には、4000－1＝3999個のアミド結合がある。

ここで分子量1万当たりのフィブロインとナイロンのアミド結合数を比較する。

フィブロイン……3999÷37万＝108≒110

ナイロン……160÷1.4万＝114≒110

賢明な皆さんはもうわかったと思う。生糸とナイロンの分子量当たりのアミド結合数は見事に一致しているのである。これが、生糸とナイロンが類似している一つの理由である。

ところで「高分子の両端はどうなっているのか？」という質問を高校生からよく受ける。

もちろん、ナイロンの場合HOOC—と—NH_2となっている。重合停止剤を加えた場合は重合停止剤が結合している。しかし高校では上式で示したようにブランクにするのが一般的である。

第５章
ナイロンショック――荒井溪吉始動

１．ナイロンショック

日本では1936年（昭和11）にセルロース再生繊維であるレーヨンの生産がアメリカ合衆国を抜き世界１位となり、レーヨンを短く切断したステイプルファイバー、すなわちスフの生産も1938年（昭和13）に世界１位となっていた。1937年（昭和12）で見ると我が国の輸出総額31億7500万円のうち繊維製品の輸出総額は17億1100万円であり、全体の54％を占めていた。この内訳は、綿製品が44.2％、絹製品が30.1％、レーヨン製品が13.8％、毛製品5.3％、麻製品0.3％、であった。大学人や産業人はナイロン出現をどう考えていたのであろうか？　前出の大阪帝大の呉助教授と富士瓦斯紡績の荒井溪吉が同じ『ナイロン』（1939年（昭和14）、紡織雑誌社）誌上に意見を載せている。

〇大阪帝大助教授、呉祐吉（ごゆうきち）の意見

「日本の絹が大部分米国に輸出され、その大部分が婦人の靴下となり、そしてナイロンがこの靴下を目的として造られているからには、既に発表されているようなナイロン工場が運転され、全米の生産高が日産百頓に至るならば、そして尚将来（或いは５年の歳月を要するかも知れぬが）コストが下がり品質が充分になる事を仮定すれば、日本より米国への４億円の絹の輸出は全然不必要という事となり、日本養蚕農家がその時現在のままであるならば、その影響するところは考えるまでもなく悲惨なものである。

我々が日本として考えられ又研究したい化合物は多数に存在するのであるから、この際私共は徒らな先がけの功名を争うことをやめてデュポン或いはI.G.（著者注：ドイツの化学会社）等の研究体系に劣らない堂々たる研究陣営を全日

本合同でも之をつくり上げて、来る可き世界新合成繊維工業界に雄飛し得る準備と覚悟とをかためる事が、先ず第一の解決問題ではないかと私は思う。」

呉は養蚕業の将来を完璧なまでに予言していると同時に早急な合成繊維の全日本合同の研究を強く望んでいる。

○富士瓦斯紡績、荒井溪吉の意見

「各社各位が全く没我の境域に安心立命し、国策の大傘下に研究所も、学校も、会社も、官庁も、総ての資本、総ての技術を動員して、全部打って一丸となり、カロザース博士の業績を懐古し、その努力堅忍の過程を三省しつつ、近視眼的・小乗的態度を捨て、第三次繊維革命に直面して、斯業の転換を円滑無難ならしむると共に、更に進んでは萬代不易の皇運を扶翼し奉らんことを切に念頭する次第である。ローマは１日にして成らず、必ず依って来るところあり、獨りキセロをして之を叫ばしめんやである。」

第三次繊維革命とは、ナイロン出現を「紡績機械の発明＝綿の進出（18世紀後半）」「レーヨン（人絹・スフ）の登場（1918～1925年（大正７～14））」に次ぐ「第三次繊維革命」の到来であるとして、当時の鐘紡社長津田信吾が繊維業界に対して在来繊維との競合必至との警鐘を鳴らすために用いた言葉である。

荒井は繊維産業が産官学一体となり近代的合成繊維産業へ転換することを強く主張している。呉、荒井共にナイロンに対抗すべき合成繊維を作り出す他に日本繊維産業が生き延びる道はなく、そのためにはオールジャパンで協力する必要があると強く主張している。この考えが当時日本の産業人・大学人の最大公約数であり、このようなオールジャパンの合成繊維研究機関の設立を目指す動きが本格化していく。

２．財団法人日本合成繊維研究協会設立

前項で見たようにナイロン出現に対する知識人の多くの意見は、日本も早く合成繊維の研究に取り組み、ナイロンに負けないだけの合成繊維を作

り出さねばならないということであった。さもなければ日本の繊維産業は壊滅的打撃を受けるであろう。すでに1937年（昭和12）には宣戦布告のないまま日中戦争に突入しており、1938年（昭和13）の11月３日および２月22日に近衛首相は欧米帝国主義の支配からアジアの解放を高らかに宣言していた。このような情勢の下では大阪帝大の呉助教授が言うように、日本全体が一丸となる研究機関、すなわち産官学一体の研究機関を早急に設立することが必要であると考えるのはむしろ自然なことであろう。後はこのような機関を作り上げるために奔走する人物を時代は待つだけだった。この人物こそが荒井溪吉である。荒井は当時富士瓦斯紡績株式会社の大阪支社の駐在員として鐘紡の津田社長をはじめとして、大阪帝大の呉助教授や京都帝大の桜田教授とコネクションを作り非常に親しくし、両氏に最初にナイロン糸を提供した。また、前項のごとく、呉のオールジャパン研究機関設立には全面的に賛同していた。以下、後に財団法人日本合成繊維研究協会事務局長を務める奥田平（「合成繊維研究協会設立前後」『化織月報』(1968）第21巻10号）や荒井（「高分子学会10年に思う—学会設立までの経緯と現実—」『高分子』(1962）第11巻11号）の証言等を参考に財団法人日本合成繊維研究協会設立の経緯を明らかにする。

荒井は設立を早急に実行するには、まず関係官庁に諮るべきであると考え、所管の商工省に話を持ち込み、新鋭の事務官、技官と相談した末、逐次上司とも度々会って迅速に対策を実行した。ここで大きく物を言ったのが、東京帝大出身という肩書である。当時の中央官庁は東京帝大出身者で占められており、商工省には東京帝大工学部出身者も多く、東京帝大学閥のコネクションが話をスムーズに通すことになる。荒井等が活動を始めて丸２年後の1940年(昭和15) ６月に商工大臣官邸に産官学の一堂が会して、ナイロンに対抗する合成繊維の研究機関である財団法人日本合成繊維研究協会の基本方針が決定された。時の商工大臣小林一三（阪急電鉄・宝塚歌劇団の創始者）は東南アジア出張中で後に総理になった岸信介が商工省次官で大臣職務を代行して出席した。民間企業からは、津田信吾（鐘淵紡績社長)、小寺源吾（日本紡績社長)、辛島浅彦（東洋レーヨン社長)、岡桂三（東洋紡績社長)、藤原銀次郎（王子製紙社長)、厚木勝基（東京帝大教授)、桜田一郎（京都帝大教授)、呉祐吉（大阪帝大教授）以下民間代表、官庁関係、学校代表の30余名が参加した。この会議では次のような骨子が承認された。

⑴ 研究室における研究、あるいは中間的な工業化試験は各企業の自由に任かす。
⑵ しかし企業化の場合には、この団体がその内容を検討し、有機合成化学事業法による免許の際の判断に資する。
⑶ 研究機関を一応３カ年としその資金も資本金共、約300万円とする。

このように初期の案の中心であった研究の統合一本化は大幅に見直され、各企業の研究は自由度を拡大している。最終案は1940年（昭和15）12月３日の「合成繊維研究協会設立ニ関スル協議会」で審議、決定された。当日の会議では、民間側設立委員として、鐘淵紡績、三井鉱山、大日本紡績、住友化学、東洋紡績、富士瓦斯紡績、日東紡績、東洋レーヨン、大日本セルロイド、満州電気化学工業の10社が選ばれ、当日に設立準備委員会を開き、次のように細部を決めた。

① 基本金は50万円
② 政府補助金は毎年30万円
③ 民間寄付金は約300万円
④ 設立までの一切の準備を専任理事吉田悌二郎（繊維局綿業課長）に委任
⑤ 基本金の50万円は設立委員10社が５万円ずつ拠出

こうして1941年（昭和16）１月20日、設立許可申請書を東京府知事（川西実行）経由商工大臣（小林一三）に提出、同年１月28日、商工省指令一六織第三四一をもって財団法人日本合成繊維研究協会の設立が許可された。

この財団法人の特徴は基本金が全て民間企業の拠出、民間企業の寄付金が政府補助金の10倍の300万円となっていることである。つまり資金から見るとあくまでも民間主体の研究機関であるでということである。この部分が後述の技術研究組合に受け継がれていることが最大のポイントである。寄付金を出した企業を表5．1に列挙する。

△印の会社は理事会社、○印は設立準備委員会社、○印の10社は設立前に5万円ずつ先に出して、この50万円を定期預金にして協会の基本財産とした。また諸資料より、1940年（昭和15年）当時の1万円は現在の約1600万円と推定される。

(1)△○鐘淵紡績	400000円	(2)△○大日本紡績	400000円
(3)△○東洋紡績	200000円	(4)△○日東紡績	200000円
(5)△○大日本セルロイド	200000円	(6)△　内海紡績	150000円
(7)△○三井鉱山	100000円	(8)△○住友化学	100000円
(9)△○富士瓦斯紡績	100000円	(10)△　帝国人絹	100000円
(11)△○東洋レーヨン	100000円	(12)△　日本油脂	100000円
(13)　東洋棉花	100000円	(14)△　日本曹達	70000円
(15)△　日産化学	70000円	(16)△　日本窒素	70000円
(17)△　日本化成	70000円	(18)△○満州電化	50000円
(19)　倉敷絹織	50000円	(20)　味の素	30000円
(21)　棉花輸入統制協会	400000円		
合計	3060000円		

役員は、上記の△印の会社より理事を出した他、官庁、大学からは下記の人々が理事に就任した。

理事長	小島新一	（商工次官）
副理事長	厚木勝基	（東京帝大教授）
副理事長	喜多源逸	（京都帝大教授）
副理事長	真島利行	（大阪帝大教授）
専任理事	吉田悌二郎	（繊維局棉業課長）
常任理事	桜田一郎	（京都帝大教授）
常任理事	呉　祐吉	（大阪帝大教授）
常任理事	星野敏雄	（東京工大教授）

表5．1　寄付金供与企業・役員

財団法人日本合成繊維研究協会の設立趣意書の抜粋を以下に示す。特に下線部分が現代の技術研究組合のコンセプトと同様である。

「最近海外において、ナイロン、ヴィニヨン等の合成繊維工業化に成功し之等製品も既に市場に販売せらるるに至りたるところ、我が国に於いては未だ之が工業化に成功したるものなき状態に在り。……然るに之が為には各方面の技術知識経験を統合して其研究に当たることを要するを以て、学会実業界各方面の力を合せ、之が中枢機関として財団法人日本合成繊維研究協会を設置し以て合成繊維の研究に当たると共に、各研究機関の研究の緊密化を図り、之が企業を促進せんと企図する次第なり。

3．財団法人日本合成繊維研究協会の活動

協会は初年度（1941年（昭和16）３月末）には次の事業が実施された。

⑴　各大学の既設研究設備を利用、また新たに200坪（大阪帝大150坪、京都帝大50坪）の実験室を建設して（資材入手難のため着工は遅れた）基礎的研究を行った。支出は研究費30000円、建設80000円、設備費15000円。

⑵　京都帝大化学研究所内にポリビニルアルコール系合成繊維（合成１号）の中間工業試験を行うために150坪の試験工場の建設に着手した。支出は初年度建築費52500円、初年度設備費110000円。

⑶　1941年（昭和16）３月８日の第２回技術委員会で研究室の名称とその主任を表５．２のように定め、８分科会を設けた。分科会の世話役が幹事と称せられた。

しかし財団法人日本合成繊維研究協会の中心人物である荒井は、1941年（昭和16）10月陸軍立川第５飛行連隊に召集されてしまう。協会の初代事務局長であった奥田平は「協会設立に尽瘁（じんすい）した荒井としては新体制の研究機関の発展を自らの目で見ることができず、さぞかし心残りであったことと思う。」（「合成繊維研究協会設立前後」『化繊月報』（1968）第21巻10号）と述懐している。

協会設立からわずか11カ月を経ずして日本は太平洋戦争に突入した。戦

名称	所在地	主任
高槻研究所	京都帝大化学研究所内	桜田一郎
大阪研究室	大阪帝大産業科学研究所内	呉　祐吉
本郷研究室	東京帝大工学部応用化学教室内	厚木勝基
大岡山研究室	東京工大内	星野敏雄
高槻中間試験工場	京都帝大化学研究所内	桜田一郎

分科会	研究内容	幹事名	所属
第１分科会	ポリアミド系	幹事　種村功太郎	東洋レーヨン
第２分科会	ポリビニルアルコール系	幹事　李　升基	京都帝大
第３分科会	ハロゲン化ビニル系	幹事　秋　三郎	商工省大工試
第４分科会	其他ビニル系	幹事　小田良平	京都帝大
第５分科会	アクリル系	幹事　神原　周	東京工大
第６分科会	特殊化合物	幹事　村橋俊介	大阪帝大
第７分科会	紡糸	幹事　中島　正	東洋紡績
第８分科会	性能	幹事　桜田一郎	京都帝大

表5．2　研究室名称と分科会・幹事名

時中の協会については、岩倉義男「高分子学会の設立」『日本の高分子科学技術史　増補版』（2005、社団法人高分子学会）に詳述されている。戦時体制下、産官学の高分子研究者たちは献身的に各自の研究を続行し、各分野において見るべき成果を上げていた。しかし戦局が次第に苛烈に推移すると時局を反映して協会の所管は商工省繊維局から軍需省化学局に移り、1943年（昭和18）１月には財団法人日本合成繊維研究協会から財団法人高分子化学協会に変更された。一方、1943年（昭和18）に高分子化学協会は年報編集委員会を設け、研究者の研究報文をまとめて順次発刊することになった。年報編集委員会には、厚木勝基、桜田一郎、星野敏雄、村橋俊介等が参加した。このようにして戦時中に『合成繊維研究第一巻（昭和17年版）』の第１冊および第２冊、『合成繊維研究第二巻（昭和18年版）』の第１冊、第２冊、第３冊、第４冊が発刊された。次いで高分子化学協会の機関誌として『高分子化学』第１巻第１号が1944年（昭和19年）10月に刊行された。この本は世界で２番目の高分子専門誌である。

４．終戦後の日本経済牽引役──ビニロンとナイロン

1948年（昭和23）10月の経済復興５カ年計画に合成繊維が組み入れられた。さらに1949年（昭和24）に繊維産業生産審議会合成部会より「合成繊維工業急速確立に関する件」が商工大臣あてに答申され、同年５月９日に省議決定が見られるに至った。その要項を次に示す。

第一　方針

経済９原則の指示するところに従い、輸出貿易の拡大を図るために何よりも合成繊維の育成が不可欠である。しかるに本邦における合成繊維工業はすでに技術的に一応の完成の域に達しており、また国際的採算点に到達する見通しも立っているので、この際資本と技術を集中し、全繊維産業及び関連産業の積極的協力の下、急速に合成繊維の経済単位工場を建設し、以って経済復興５カ年計画に掲上されるべき合成繊維の生産計画を急速有効に達成するものとする。

第二　要項

(1)　急速に建設すべき合成繊維工業の種類

現在技術的に経済単位工場の建設が可能であり、将来国内資源にて原料自給の可能性のあるものとしてとりあえず、ポリビニルアルコール系繊維（ビニロン）・ポリアミド系繊維（アミラン）の２種につき急速な工場建設を行い、他種合成繊維については将来研究進行状態その他の情勢により考慮するものとする。

第三　措置

(1)　各社の経験、現有施設等の事情に鑑み、前掲の先発担当企業を左の如く定める。

ポリビニルアルコール系繊維、倉敷レイヨン株式会社

ポリアミド系繊維、東洋レーヨン株式会社

つまり「合成繊維工業急速確立に関する件」において、ビニロンとナイロンの先発担当企業として、倉レと東レが選ばれたのである。財団法人日

本合成繊維研究協会における第１分科会においてナイロンを製造できたのは東レのみである。第２分科会においてビニロンを製造した企業は、倉レと鐘紡であるが、1948年（昭和23）におけるビニロン生産量13tのうち９割を倉レが生産していたので、倉レが選ばれたのである。経済復興５カ年計画に合成繊維が組み入れられ、「合成繊維工業急速確立に関する件」が商工省で省議決定された背景には、財団法人日本合成繊維研究協会によるビニロンとナイロンが大量生産の一歩手前の試験製造まで成功していたことによるのである。これらの政策が功を奏し日本は1956年（昭和31）には合成繊維生産量でイギリスを抜き、アメリカに次ぐ世界第２位になるのである。

５．財団法人理化学研究所と財団法人日本合成繊維研究協会との相違

財団法人日本合成繊維研究協会ができた時、同じ財団法人で文部省主管の理化学研究所（1917年（大正６）設立）がすでに存在していたが、物理・化学・生物学・医学・工学を研究する総合的な研究機関であり、明確な合成繊維産業化という目標を持っている財団法人日本合成繊維研究協会とは異なる。また理化学研究所は、1927年（昭和２）に理化学研究所の発明を製品化する事業体として理化学興業を起こし、最盛期の1939年（昭和14）には会社数63、工場数121を要する大コンツェルンになり、理研コンツェルンと呼ばれた。しかし、敗戦の翌年の1946年（昭和21）、GHQより理研工業（理化学興業の後身）は15財閥に指定され、財団法人理化学研究所および理研工業は解散させられ、財団法人理化学研究所は、1948年（昭和23）３月１日に株式会社理化学研究所に改組させられた。この経過を見てもわかるように、理化学研究所は自身が多くの会社・工場を持っており、財団法人日本合成繊維研究協会とは大きく違った形態を取っている。

○財団法人日本合成繊維研究協会→競合する会社が一つの目的のために資金を出し合い作る。

○財団法人理化学研究所→基礎研究から発明を生み出し、その発明品の生産・販売会社を作って売り出す。

従って、財団法人日本合成繊維研究協会は研究目標を絞った産官学協同のオールジャパンによる日本初の研究機関である。

6．ナイロンとビニロンの工業化

デュポン社は、1939年（昭和14）にナイロン66の日本特許を申請していたので、敗戦後ナイロンの特許問題が生じることになる。1946年（昭和21）にアメリカ対日繊維調査団が来日し、東レがナイロンを製造していることを発見し、GHQに特許侵害を訴えた。1951年（昭和26）東レはデュポン社と提携し、ロイヤリティを支払い、日本での特許独占実施権を得た。アメリカ国内でのデュポン社のナイロン特許は1955年（昭和30）で満了している。しかし1951年（昭和26）のこの契約は東レにとっては、15年の実質日本国内のみという市場制限を課せられた上にデュポン社の特許消滅後10年間も３％のロイヤリティを支払うという厳しいものであった。また契約には、前払い金として分割で10億8000万円を支払うという条件も入っていた。当時の東レの資本金は７億5000万円であり、東レにとっては大きな負担であった。それにもかかわらず東レが提携に踏み切ったのは、占領下で特許裁判を行うのは困難であり、それよりもデュポン社から技術導入を行い、日本における独占的特許権を購入する方が得策と考えたからである。当時の東レ社長田代茂樹の英断があった。この提携により東レは、もともと生産していたナイロン６に加えデュポン社が生産していたナイロン66も生産できるようになった。しかし東レは原料の供給条件およびコストを勘案した結果、従来通りナイロン６の生産のみ行うことを決定した。東レがナイロン66を生産するのは、1966年（昭和41）からである。

1954年（昭和29)、日本レーヨン株式会社（以下日レと略記、日レは現在のユニチカ）が、デュポン社の特許に抵触しないナイロンの工業化を目指して、スイスのインベンタ社のナイロン６の技術導入契約に調印した。この契約にはナイロン特許、ノウハウ、原料のカプロラクタムの製造技術および機械設備の輸入が含まれていた。カプロラクタム製造は宇部興産がサブライセンスを獲得した。日レは1955年（昭和30）に宇治に新工場を完成させ、直ちに商業生産に入った。このようにしてナイロンにおける東レの先発独占は破れ、東レと日レの寡占体制となったが、生産量も1955年（昭和30）から飛躍的に増大していくことになる。日レがナイロン66を生産開始するのは、東レと同じ1966年（昭和41）である。

ナイロン市場は、東レと日レの寡占状態が続き高収益を確保した。しかし、1963・1964年（昭和38・39）には後発４社（鐘紡・帝人・呉羽紡・旭化成、社名は当時のもので㈱は略）の参入によって供給過剰市場へと転落していく。

戦後、ビニロン生産を行っていた高槻中間試験工場が在勤の研究者の総意によって合成１号公社として（1946年（昭和21）１月より）再建する方策が定められた。同年１月に高槻中間試験所は合成１号公社となったが、1949年（昭和24）７月に公社がニチボーに合併される前提のもとに日本ビニロンと改名し、ニチボーから役員の古井育吉が出向して社長となり、１年以内に合併は実現して公社の人員の多く（20数人）はニチボー社員になった。ニチボー社員となった人々は、坂越のビニロン工場の建設運転に従事した。これにより、高槻中間試験所、合成１号公社の実質責任者であった京大教授桜田一郎の負担は大いに軽減されたという。1950年（昭和25）よりニチボーは日産３ｔでビニロン生産を開始する。時を同じくして倉レも岡山工場で日産５ｔのビニロン製造を開始する。

1949年（昭和24）の「合成繊維工業急速確立に関する件」でポリビニルアルコール系繊維には倉敷レイヨン株式会社、ポリアミド系繊維には東洋レーヨン株式会社が先発育成企業として指定されたが、各繊維において日レとニチボーが育成企業に加えられることになる。

ビニロン工業生産は1950年（昭和25）、ナイロン工業生産は1951年（昭和26）に開始されたが、事業として確立するのは1955年（昭和30）前後である。各社共に生産開始の数年間は赤字に苦しんだのである。ビニロンとナイロンの年間生産量を比較すると、（ビニロン、ナイロン）ｔの順で、1953年（昭和28）（3870、2020）ｔ、1954年（昭和29）（3640、4540）ｔで、日レがナイロン生産に参入した1955年（昭和30）の１年前にナイロン生産量がビニロン生産量を逆転し、その後ナイロン生産量がビニロン生産量を大きく上回っていくことになる。

ナイロンの合成式は前章で述べたが、ここではビニロン生成の式を示す。

$$\underset{\text{酢酸ビニル}}{\begin{array}{l}CH_2{=}CH\\ \qquad |\\ \qquad OCOCH_3\end{array}} \xrightarrow{\text{付加重合}} \underset{\text{ポリ酢酸ビニル}}{\begin{array}{l}[-CH_2-CH-]_n\\ \qquad\qquad |\\ \qquad\qquad OCOCH_3\end{array}} \xrightarrow{\text{加水分解}}$$

$$\begin{array}{l}[-CH_2-CH-CH_2-CH-CH_2-CH-CH_2-CH-]_n\\ \qquad\quad\ |\qquad\qquad\quad |\qquad\qquad\quad |\qquad\qquad\quad |\\ \qquad\quad OH\qquad\qquad OH\qquad\qquad OH\qquad\qquad OH\end{array} \xrightarrow{\text{希硫酸・紡糸}} \text{繊維} \xrightarrow[200℃]{\text{乾燥}}$$

$$\xrightarrow[\text{アセタール化}]{\text{NaOH処理}} \underset{\text{ビニロン}}{\begin{array}{l}[-CH_2-CH-CH_2-CH-]_{n_1}-[-CH_2-CH-CH_2-CH-]_{n_2}\\ \qquad\quad\ |\qquad\qquad\quad |\qquad\qquad\qquad\qquad\quad |\qquad\qquad\quad |\\ \qquad\quad OH\qquad\qquad OH\qquad\qquad\qquad\qquad\ O-CH_2-O\end{array}}$$

ポリビニルアルコールの２個のヒドロキシ基OHをホルムアルデヒド $O{=}CH_2$ と反応させて $O-CH_2-O$（$+H_2O$）を生成することをアセタール化という。アセタール化によってOH基を減らすことにより水に不溶なビニロンができる。ビニロンは日本のオリジナル繊維である。

ここでは、ビニロンにおいて、ヒドロキシ基がどの程度の割合でホルムアルデヒドと反応するかを具体的に計算してみる。

平均分子量22000のポリビニルアルコールをホルムアルデヒド水溶液で処理すると、平均分子量23200のビニロンが得られる。この時ポリビニルアルコールのヒドロキシ基の何％がホルムアルデヒドと反応したかを計算する。

まずポリビニルアルコールとビニロンの式を書く。

$$\underset{\text{ポリビニルアルコール（[　] 内の式量88）}}{\begin{array}{l}[-CH_2-CH-CH_2-CH-]_n\\ \qquad\quad\ |\qquad\qquad\quad |\\ \qquad\quad OH\qquad\qquad OH\end{array}} \xrightarrow{\text{ビニロン化}}$$

$$\underset{\text{（[　] 内の式量88）}}{\begin{array}{l}[-CH_2-CH-CH_2-CH-]_{n_1}\\ \qquad\quad\ |\qquad\qquad\quad |\\ \qquad\quad OH\qquad\qquad OH\end{array}} - \underset{\text{（[　] 内の式量100）}}{\begin{array}{l}[-CH_2-CH-CH_2-CH-]_{n_2}\\ \qquad\quad\ |\qquad\qquad\quad |\\ \qquad\quad O-CH_2-O\end{array}}$$

$22000 = 88n \qquad \therefore n = 250$

$n_1 + n_2 = n$ より、$n_1 + n_2 = 250$ ……①

また、$23200 = 88n_1 + 100n_2$ ……②

①、②より、$n_2 = 100$

$$\therefore \frac{n_2}{(n_1 + n_2)} = \frac{100}{250} = 0.4$$

答えとして40.0%が得られる。

このようにして、ポリビニルアルコールをホルムアルデヒドと反応させることにより、ヒドロキシ基を減らす手法で、水に不溶の繊維であるビニロンが誕生したのである。

7．アセテート、塩化ビニリデン、塩化ビニルの生産

アセテートは半合成繊維であるが、戦前においては1936年（昭和11）に新日本窒素肥料（後に水俣病を引き起こしたことで有名になる）が紡糸に成功している。戦後の1948年（昭和23）には大日本セルロイドが堺工場でアセテート繊維の製造を開始した。帝人は西ドイツのバイエル社から技術導入し、1955年（昭和30）から松山工場を新設して生産を開始した。三菱レイヨンもスフ専業会社から脱出するためにアメリカのセラニーズ社から技術導入契約を結び、合弁会社三菱アセテートを設立して1958年（昭和33）から生産を開始した。しかしアセテート繊維は需要が伸びず結局、平成に入るまで製造を続けたのは、帝人と三菱レイヨンのみであり、帝人も2002年（平成14）に製造を終了した。現在は三菱レイヨンのみが、ジアセチルセルロースとトリアセチルセルロースの両方のアセチルセルロース繊維であるアセテートを製造している。

アセテートの化学式を次に示す。セルロースに硫酸や塩化亜鉛等の存在下で無水酢酸を作用させると酢酸エステルとなる。ヒドロキシ基が全てアセチル化されるとアセチルセルロースとなる。

$$[C_6H_7O_2(OH)_3]_n + 3n(CH_3CO)_2O \rightarrow [C_6H_7O_2(OCOCH_3)_3]_n + 3nCH_3COOH$$

セルロース　無水酢酸　トリアセチルセルロース　酢酸

トリアセチルセルロースを加水分解してジアセチルセルロースを得る。

$$[C_6H_7O_2(OCOCH_3)_3]_n + nH_2O \rightarrow [C_6H_7O_2(OH)(OCOCH_3)_2]_n + nCH_3COOH$$

ジアセチルセルロース　酢酸

旭化成は1952年（昭和27）、アメリカのダウ・ケミカル社との合弁会社旭ダウを設立し、翌年塩化ビニリデン繊維の生産を開始した。この繊維は「サラン」と命名された。また呉羽化学工業は、塩化ビニリデン繊維製造のために呉羽紡績との合弁会社呉羽化成を作り1955年（昭和30）から生産を開始した。この繊維は「クレハロン」と命名された。塩化ビニリデンは繊維としては、衣料には不向きであった。しかし食品を包むフィルム・ラップとしてはH_2OやO_2透過度の低さが優れていた。ポリエチレン製のラップと比較すると、O_2は200分の１、H_2Oは２分の１という低さであった。ポリ塩化ビニリデンは現在では繊維ではなくラップとして生き残っている。旭化成は「サランラップ」、呉羽化成（現クレハ）は、「クレラップ」として現在広く利用されている。ポリ塩化ビニリデンは次式で示す付加重合によって作られる。

$$nCH_2{=}CCl_2 \rightarrow [-CH_2-CCl_2-]_n$$

塩化ビニリデン　ポリ塩化ビニリデン

（参考）

$$nCH_2{=}CH_2 \rightarrow [-CH_2-CH_2-]_n$$

エチレン　ポリエチレン

帝人は、1954年（昭和29）にポリ塩化ビニル繊維の独自技術による紡糸に成功し、1956年（昭和31）より岩国工場で「テビロン」と命名して生産を開始した。この繊維は、保温力に優れ摩擦によってマイナス電気やマイナスイオンを生じるので、健康肌着・保温ソックス・サポーター・アンダーウェア・寝具類に使用され、現在でも訪問販売や通信販売で少量生産されている。

$$nCH_2{=}CHCl \rightarrow [-CH_2-CHCl-]_n$$

塩化ビニル　　　　ポリ塩化ビニル

日本が合成繊維生産量でイギリスを抜いた1956年（昭和31）の種類別繊維の生産量をグラフ化すると図5．1のようになる。またそのうちの合成繊維の内訳を図5．2に示す。

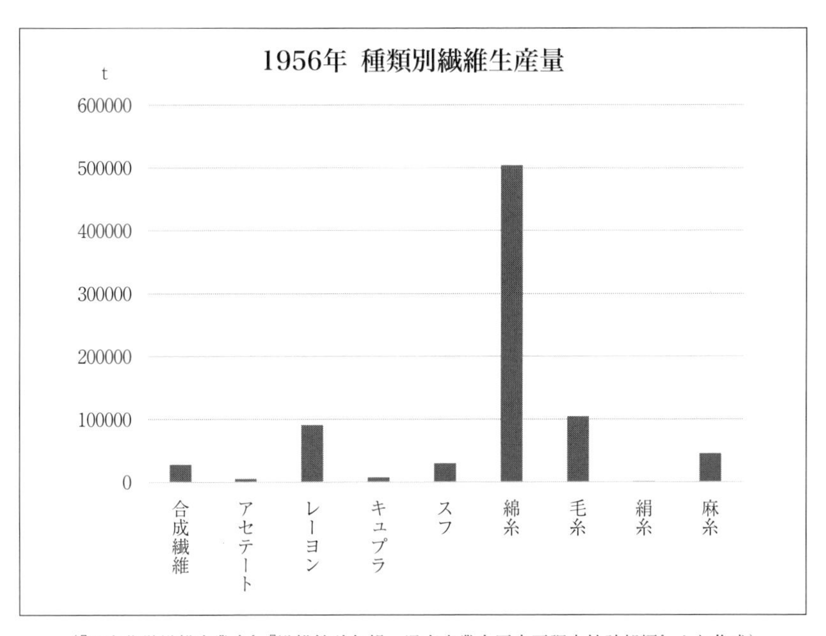

（『日本化学繊維産業史』『繊維統計年報　通商産業大臣官房調査統計部編』より作成）

図5．1　1956年 種類別繊維生産量

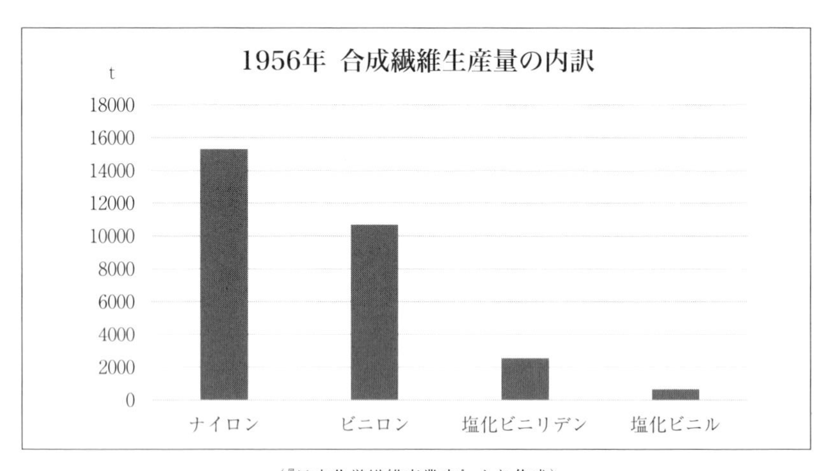

(『日本化学繊維産業史』より作成)

図5．2　1956年 合成繊維生産量の内訳

8．ポリエステルとアクリル

現在、ナイロン・ポリエステル・アクリルを３大合成繊維と呼ぶ。この項ではポリエステルとアクリルの工業化を闡明する。アクリル繊維は基本特許が存在していなかったので工業化しやすい品種であった。鐘淵化学は、アクリロニトリルと塩化ビニルの共重合繊維（炭素炭素間２重結合C＝Cを持つ２種類以上の単量体を付加重合させること）「カネカロン」を開発し、1957年(昭和32)から工業化した。カネカロンの反応式を表す。

$$nCH_2{=}CH(CN) + mCH_2{=}CHCl \xrightarrow{\text{共重合}} [-CH_2-CHCl-]_n-[-CH_2-CHCl-]_m$$

アクリロニトリル　塩化ビニル　→　アクリル(カネカロン)

アクリル繊維は100%のアクリロニトリルではなく、塩化ビニル・塩化ビニリデン・アクリル酸メチル・ビニルピリジン等が加えられ（メーカーにより異なる）共重合される。旭化成も1958年（昭和33）からアクリル繊維「カシミロン」（インド北部高山地帯のカシミール地方に生息するカシミヤヤギの毛のカシミヤに似ているところからこの名前が付けられた)。東洋紡は住友化学との折半出資により、アメリカンサイアナマイド社からアクリル繊維「レクスラン」を技術導入して日本エクスランを設立し、1958年（昭和33）から生産を開始した。三菱レイヨンはアメリカのケムストランド社のアクリル繊維「アクリラン」を技術導入し、ケムストランド社との合弁で三菱ボンネルを設立し、1959年（昭和34）からアクリル繊維「ボンネル」の生産を開始した。東邦レーヨンは、自社技術でアクリル繊維「ベスロン」を開発し、子会社東邦ベスロンを設立し、1960年（昭和35）から生産を開始した。さらに東洋レーヨンはアクリル繊維「トレロン」を1963年（昭和38）から工業化した。1957年（昭和32）～1959年（昭和34）で４社が参入し、「アクリルラッシュ」とまでいわれた。４社がほぼ時を同じくしてスタートしたために総設備能力が大きく、独自の商品名と価格によって販売したために大乱戦となり、赤字スタートとなったのであった。羊毛代替品として開発されたアクリル繊維は、羊毛代替というよりは柔らかくふんわりとしたバルキー性を示すバルキー加工糸が技術的に完成し、1962年（昭和37）のニットブームを受けて販売数を伸ばした。ソハイオ法によるモノマーコストの低下もあり、1963年（昭和38）からようやく４社共、黒字に転換した。

ポリエステル繊維のアメリカ以外の基本特許はイギリスのICI社が持っていた。東洋レーヨンは1952年（昭和27）からICI社と交渉を開始したが、基本特許・ノウハウ料が高額であった。東洋レーヨンは帝人と組み、ICI社の初期の条件から有利な条件で交渉を進めることができた。特許・ノウハウ料は、１社当たり５億8000万円であり、２社で11億6000万円であった。ロイヤリティは3.00～5.25%であった。繊維名は、帝人のテと東レのトをとり、テトロンとした。この時の帝人のトップは大屋晋三（1894－1980)、東レのトップは田代茂樹（1890－1980）であった。テトロンは1958年（昭和33）から工業生産に入った。テトロンはワイシャツ・ブラウスに重点を置いて販売され、大成功を収めた。２社共に市販を開始した1958年（昭和33）下期から黒字であった。テトロンが生産できた裏には、石油化学の発展がある。テトロンの原料はテレフタル酸とエチレングリコールである。東レは三井グループの一員であり、三井石油化学の中心地である岩国コンビナートからテレフタル酸の供給を受けた。帝人は帝人松山工場に近接する丸善石油からテレフタル酸の供給を受けた。また川崎コンビナートの日本触媒化学が両社にエチレングリコールを提供した。ポリエステルはナイロン発明者のカロザースが実験を取りこぼした芳香族ポリエステルであるテレフタル酸を原料としており、カロザースの隙間をついた優れた合成繊維であり、現在世界中で最高の生産高を誇る。

次にポリエチレンテレフタラートPET(ポリエステル)の生成式を示す。ベンゼン環は、C_6H_6で示す。

$$n\mathrm{HOOC{-}C_6H_4{-}COOH} + n\mathrm{HO{-}CH_2CH_2{-}OH} \rightarrow$$

テレフタル酸　エチレングリコール

$$[\mathrm{{-}OC{-}C_6H_4{-}COO{-}CH_2CH_2{-}O{-}}]_n + 2n\mathrm{H_2O}$$

ポリエリレンテレフタラート

あるいは、テレフタル酸に過剰のメタノールを反応させてテレフタル酸ジメチルを作り、これをエチレングリコールに反応させても得られる。

$$\mathrm{HOOC{-}C_6H_4{-}COOH} + 2\mathrm{CH_3{-}OH} \rightarrow$$

テレフタル酸　メタノール

$$\mathrm{H_3COOC{-}C_6H_4{-}COOCH_3} + 2\mathrm{H_2O}$$

テレフタル酸ジメチル　水

$$n\mathrm{H_3COOC{-}C_6H_4{-}COOCH_3} + n\mathrm{HO{-}CH_2CH_2{-}OH} \rightarrow$$

テレフタル酸ジメチル　エチレングリコール

$$[\mathrm{{-}OC{-}C_6H_4{-}COO{-}CH_2CH_2{-}O{-}}]_n + 2n\mathrm{CH_3{-}OH}$$

ポリエチレンテレフタラート　メタノール

1962年（昭和37）からアクリル繊維原料のアクリロニトリルも石油をクラッキング（触媒による分解）したプロピレンからソハイオ法によって生産されるようになり石油化学は合成繊維生産に不可欠な存在になっていった。ソハイオ法を次に示す。

$$2\mathrm{CH_3CH{=}CH_2} + 2\mathrm{NH_3} + 3\mathrm{O_2} \rightarrow 2\mathrm{CH_2{=}CH(CN)} + 3\mathrm{H_2O}$$

プロピレン　アクリロニトリル

第6章
太平洋戦争後の荒井溪吉の活躍

1．荒井溪吉の戦後の活躍――巣鴨プリズン拘束まで

荒井の努力で設立された財団法人日本合成繊維研究協会の成果は、1956年（昭和31）のナイロン・ビニロンを中心とする合成繊維生産量世界第２位を達成することによって見事に開花した。本項では戦中戦後の荒井の動静を究明する。ここからは、荒井の17回忌に作られた『荒井溪吉遺稿　戦時追憶の記―応招から敗戦・巣鴨までのつれづれ―』（1987年（昭和62））を参考にする。財団法人日本合成繊維研究協会が1941年（昭和16）１月に設立されたが、その年の９月、荒井に陸軍立川第５飛行連隊への入隊の召集令状が届いた。そして10月に出征する。海路、仏印インドシナ（タイ・ラオス・ベトナム）のサイゴンへ向かう。その後、シンガポール、ジャワ、ボルネオ、セレベス、スマトラ、ビルマに展開した。終戦時、仏印から台湾の松山空港に飛行したが、台湾でインドの独立運動家として名高いチャンドラー・ボースを満州の奉天に運ぶ密命を受けた。しかし離陸直後失速して墜落炎上、チャンドラー・ボースを含めほとんどの乗組員が死亡したが、荒井と数名が九死に一生を得た。この後、飛行機の墜落炎上時に、ボースが持参していたインド独立資金である大量のダイヤモンド等が一部しか見つからなかったことや、荒井が生存していたことから、一部でボース生存説がまことしやかに語られることになる。

その後、台北から済州島まで飛行した。そして済州島から超低空飛行で福岡の雁ノ巣飛行場まで奇跡的にたどり着く。しかし進駐軍がすでに飛行場を接収しており、その後は米軍機に搭乗させられ、焦土の長崎・広島を眼下に見て進駐軍の松戸飛行場に1945年（昭和20）９月末に帰還した。帰還後、旧士官学校の市ヶ谷台上に敗戦処理の勤務を続けた。敗戦を契機と

して高分子化学協会への軍需省指導も終わり、役人の理事長、専務理事は去り、政府援助も打ち切りとなった。合成繊維研究協会、高分子研究協会は政府が拠出した金額を預金してきたが進駐軍は戦争中の研究は全て戦争に直結し、これを誘導させたものであるとの理由で、研究中止を命ずると共に、預金も完全に凍結された。高分子化学協会の本部事務所は銀座の教文館に残り、出版部は京都でその運営に当たった。荒井は桜田一郎の強い勧めもあり、富士瓦斯紡績に辞表を出し、厚木勝基理事長の下、1945年（昭和20）12月11日に高分子化学協会の理事・事務局長としてその再建に当たることになった。

この決断を荒井は次のように述懐する。

「桜田教授はこういう時、自己の信念と指針を主張すること極めて明瞭かつ的確である。『荒井君、君が骨折った合成繊維研究協会以来の組織は、折角われわれ同志一同の努力にかかわらず、残余予算は凍結されてニッチモサッチも動けなくなった。荒井君、君としても感慨無量であろう、よろしく富士紡に辞表を出して、高分子再建に敢然と尽力すべきである。それが男でないか』と単刀直入の忠告である。さすがの僕も考えた。しかし、やはり桜田教授の言うことが正しいと僕は意を決して富士紡に辞表を提出したのである。」（荒井溪吉「科学のための繊維（その１）―趣味と顛落―」『繊維科学』1969年２月号）

荒井は、「高分子学会10年に思う―学会設立までの経緯と現実―」『高分子』（1962）（編集兼発行人は荒井溪吉）に次のようにも述懐している。

「この再建を理事諸侯から依頼され、九死に一生を得た身として、死んだと思ってやるべき仕事は何かと考えていただけに、勇を鼓して、この運営を引き受けた。……従来の支援団体であった関係各会社はいずれも大きな転換点に直面し、会社の建て直しに全力を傾注している事情にあり、支援も難しかった。高分子研究協会は、各研究室、研究所はそれぞれ建物敷地の所在する大学に研究所ぐるみ、寄付する方策を文部省に提案し、これを受諾してもらった。高槻中間試験工場は、在勤の研究者の総意によって合成１号公社として（1946年１月より）再建する方策を定めた。……銀座に20坪の事務所が残されたが、部屋代を払うのも困難で釣道具屋を入れたり、凍結を逃れたわずかの金で一時しのぎを繰り返していた。」

この間荒井を陰になり陽になり支えたのが、倉敷レイヨン友成九十九（つくも）博士、厚木勝基理事長、東京工大星野敏雄教授、京都帝大桜田一郎教授、大阪帝大呉祐吉教授（1948年（昭和23）大阪帝大退職後1953年（昭和28）より信州大教授）等高分子研究協会スタッフであり、その協力は涙ぐましいものであり、資金も届けてくれたと述べている。このような苦しい生活の中、1946年（昭和21）１月には、民生科学協会の設立に協力している。この協会は、東京国分寺の第８陸軍技術研究所の研究施設建物６万坪を大蔵省より借用して設立したものである。荒井、松前重義（後の東海大総長）、椎名悦三郎（後の通産大臣・外務大臣）、大原総一郎（当時倉敷絹織株式会社社長）等が理事に名を連ねた。現在も一般財団法人民生科学協会として存在しているが、そのホームページによれば「設立以来、広く動物、植物、微生物が産出する天然物の成分や製薬製剤あるいは健康食品の生物活性の研究が行われてきた」とあり、荒井が直接ここで研究に携わったわけではなく、荒井が召集されたのが陸軍であるので協力を求められたものである。

また荒井は母校東京帝大から、応召前から繊維工業技術の非常勤講師を依頼されていたが、帰国後、東京帝大第２工学部（1942～1951（昭和17～26）、千葉県千葉市弥生町にあった。現在跡地は、東京大学生産技術研究所千葉実験所と千葉大学弥生キャンパスになっている）で非常勤講師を務めた。また、繊維学会の繊維機械部会の委員長も務めている。繊維学会は、戦時中の1943年（昭和18）12月10日に、繊維素協会（1923年（大正12）創設）と繊維工学会（1935年（昭和10）創設）が合併して設立され、1944年（昭和19）１月には、繊維学会誌１号が発刊されている。初代会長（1943年（昭和18）12月～1948年（昭和23）３月）は東京帝大教授の厚木勝基であり、２代目会長（1948年（昭和23）４月～1952年（昭和27）３月）は東京工大の内田豊作教授である。荒井は、関西において敗戦を契機に繊維工業技術の一層の推進を目的とした民間学会合同の進歩的組織結成の動きがあるが如何にすべきかと内田教授等に持ちかけた。内田教授等の大賛成を得てこの組織設立に荒井が全面協力することになり、関西に急行し、設立総会の特別講演を引き受けた。この後、帰郷すると、荒井に戦犯容疑がかかり指名手配されていたのである。荒井の夫人や母親が荒井を隠匿したという理由で留置されたのである。荒井は自分の生命の危機を感じ取って、恩師、学友、教え子の元を訪ね彷徨する。しかしついに静岡の教え子の繊維工場で逮捕される。方々で多くの見舞金をもらったので、その金で東京から来た刑事や静岡の刑事と一緒に静岡県警内部で大宴会を開き、刑事等と戦争と敗戦について論議したという。刑事も戦犯容疑をまったく知らされておらず、ただただ上司の命令で訳がわからず逮捕しに来たということである。このエピソードは荒井の豪放磊落で人に好かれる性格を端的に示している。

ついに巣鴨プリズンに荒井が戦犯容疑で収容されたのが1948年（昭和23）３月末である。荒井が設立を目指した組織は、「繊維機械学会（現一般社団法人日本機械学会）」として、同年９月25日に正式に発足した。

ここで荒井の戦後の活動をまとめておく。

1945年（昭和20）９月に仏印インドシナから帰還。桜田一郎の強い勧めもあり高分子化学協会の再興のために富士瓦斯紡績に辞表提出。高分子化学協会の理事・事務局長に就任。東京帝大第２工学部非常勤講師。繊維学会の繊維機械部会委員長。1946年（昭和21）１月、民生科学協会理事としてその設立に参加。繊維機械学会の設立に奔走。1948年（昭和23）３月巣鴨プリズンに投獄。同年９月繊維機械学会設立。

このように敗戦後の混乱期にも荒井は、八面六臂の活躍をしたのである。巣鴨プリズンにいる間は、荒井の恩師、知人、教え子から多くの嘆願書がGHQに寄せられた。1949年（昭和24）２月、荒井は戦犯の容疑が晴れ、無事釈放される。荒井が巣鴨プリズンに拘束されている間は、初代事務局長の奥田平が協会運営に当たった。ところで荒井が富士瓦斯紡績に辞表を提出でき、巣鴨プリズンに拘束されても荒井家が経済的に困らなかったのは、夫人の勝子が医院を開業していたからだと荒井は述べている（荒井溪吉「科学のための繊維（その２）―高分子化学の先達者―」『繊維科学』1969年３月号）。

2．荒井溪吉の戦後の活躍──高分子学会設立まで

荒井が巣鴨プリズンから解放された1949年（昭和24）２月から３カ月後の５月に「合成繊維工業急速確立に関する件」が商工省で省議決定された。そこで財団法人の高分子化学協会ではなく、高分子の学会を望む機運が増大していき、協会は発展的解消の声が強くなった。ここで再び荒井の活躍が始まる。学会を高分子学会と称することとして、東京・大阪において、高分子と関係ありと判断した各界の有識者と数度にわたって会合を催し、いかなる方向に推進すべきか慎重に審議した。荒井は学会立ち上げに当たり次の３点に注意したという。（荒井溪吉「高分子学会10年に思う―学会設立までの経緯と現実―」『高分子』（1962）第11巻11号）

① 従来の学会にない特性。
② 既存の学会成長に支障になってはいけないし、お互いに十分に伸長しうるように寄与しなければならない。
③ あくまでも公益的な存在である点で、学問の振作を通じて社会全般の文化向上に寄与し、特定組織、分野、特定個人、法人の利益代表であってはならない。

会長に厚木勝基（東大名誉教授）、副会長に星野敏雄（東京工大教授）、桜田一郎（京大教授）、岡小天（小林理学研究所）、関東支部長に祖父江寛（東大教授）、関西支部長に仁田勇（阪大教授）、常務理事に荒井溪吉を配した。1951年（昭和26）12月２日、東京大学工学部大講堂において設立総会が開かれた。高分子学会発起人名簿には300名にも及ぶ関係者名が記された。これも荒井の努力に負うところが大きい。1978年（昭和53）５月25日から1980年（昭和55）５月27日まで第14期高分子学会会長を務めた中島章夫京大名誉教授は、次のように述べている。「日本合成繊維研究協会、高分子化学研究協会、高分子学会の設立を通じ、荒井溪吉氏の貢献は永く銘記されるべきであろう。」（『日本の高分子化学技術史　増補版』（2005、社団法人高分子学会）

現在、高分子学会は産官学合わせて１万2000人を有する日本屈指の学会として成長し、高分子学会年次大会・高分子討論会・高分子夏季大学・ポ

リマー材料フォーラムを４大行事と位置付け、荒井の意思を受け継ぎ、他学会にないユニークな活動を続けている。

３．財団法人日本放射線高分子化学研究協会設立

荒井が高分子学会を立ち上げた1952年（昭和27）から２年後の1954年（昭和29)、高分子学会の学会誌『高分子』（第３巻10月号）に東京工大神原周研究室の池田朔次が「高分子材料と強放射線」という論文を載せている。時代は原子力時代に突入しつつあった。桜田によれば、原子力の化学への利用を桜田に強く説いたのは、当時の倉レ常務、友成九十九であった。

そして1955年（昭和30）４月、放射線高分子研究懇話会の世話人会が設立された。このメンバーには、高分子学会等からは、小谷正雄（東大)、雨宮綾夫（東大)、星野敏雄（東京工大)、原島鮮（東京工大)、篠原健一（理研)、仁田勇（阪大)、伏見康治（阪大）等が参加した。懇話会は同年10月５日に発足した。

桜田によれば、1955年（昭和30）の高分子学会の夏季大学で放射線高分子化学の研究所について荒井と友成の間で激論が交わされたという（桜田一郎『高分子化学とともに』（1969）紀伊国屋書店)。荒井は大きい高分子化学研究所を設立し、その一部門として放射線高分子化学部門を作るべきと主張したが、友成は放射線化学は原子力の平和利用を皆が口にし始めた今こそ絶好の機会であり、今始めなければまた外国に後れを取るとして対立し激論になったという。荒井の言う高分子研究所は構想が大きすぎ、すぐには実行できず、結局、より内容を絞り込んだ放射線高分子化学研究所設立が現実を帯びて動き出す。実際このように目標を絞り込んだ計画の方がすぐに実行に移しやすく、荒井は次の主役の機会を待つことになる。

この放射線高分子化学研究所は、友成が化学繊維協会を中心に政府当局の説得に当たり、化学繊維協会会長田代茂樹（東レ会長）や化繊協会の技術委員長薮田為三（東洋紡績監査役）が積極的に協力した。田代会長は1956年（昭和31）７月、化繊協会で放射線化学研究協会設立について各社の協力を取り付け、さらに高分子工業に関連のある化学工業、ゴム工業、パルプ工業等合わせて80余社の賛同を得た。このようにして同年12月10

日、財団法人日本放射線高分子化学研究協会は、設立総会を開き同14日に通産省から設立許可された。初代理事長には田代が就任した。荒井は、桜田と並んで30名いる理事の１人に就任する。また同時に調査委員会委員、広報委員会委員にも就任している。最初は友成とこの協会設立で大激論になったが、設立時には協力を惜しまなかったのである。桜田は翌年1957年（昭和32）11月に野津龍三郎（甲南大教授）の逝去に伴い、大阪研究所所長となった。財団法人日本放射線高分子化学研究協会は、1967年（昭和42）に日本原子力研究所に移管された。

ところで財団法人日本放射線高分子化学研究協会の名前は荒井が戦前に作り上げた財団法人日本合成繊維研究協会に酷似している。つまり財団法人日本○○研究協会というネーミングである。この名前を見ても財団法人日本合成繊維研究協会の影響の大きさがよくわかろう。

４．通産省工業技術院から荒井への依頼

財団法人日本放射線高分子化学研究協会が設立された３年後の1959年（昭和34）４月、荒井のもとに突然通産省工業技術院から連絡がくる。当時荒井の肩書は、高分子学会常務理事、日本放射線高分子研究協会常務理事、科学技術庁参与、慶應義塾大学非常勤講師等である。その内容は、「千代田化工株式会社（正確には千代田化工建設株式会社）からアセチレン、エチレンの低コスト製造プラントの研究に関して工業化研究補助金の申請が出ているが、本件は高分子原料開発の基本問題に通じるものであり、その影響するところ極めて大きいから、この際１社を中心とする研究としては大きすぎるので関係素材原料製造会社で関心のあるところとはかり、世話人として高分子原料開発研究組合（正しくは高分子原料開発技術研究組合）にまで発展することに協力してほしい。」（荒井溪吉「高分子原料開発研究組合の発足にあたって」『高分子』（1959）第８巻９号）というものであった。

荒井と千代田化工建設株式会社社長の玉木明善とは高分子学会の雑誌『高分子』を通じて旧知の仲であった。高分子学会常務理事の荒井は『高分子』の編集人兼発行人を務めており、1955年（昭和30）第４巻２月号で

は玉木に「海外石油化学工業とその機械装置」という５ページにわたる記事を書いてもらっている。その巻頭に荒井は次の文章を載せている。

「石油が高分子資源として本邦において極めて注目すべきことは今や何疑う余地のない定説である。ペトロケミカルの原則はあらゆる本に出ているがそのプラント機械設備は一朝にして知り難いのが現状である。玉木明善氏は二十有余年、石油工業に従事し、その道の先達である。が、昨年も約半年にわたりその該博なる基礎知識をもととし全世界を視察して来られたので、特にお願いしてその研究の一端を紹介していただき江湖の要望に添わんとしたものである。（あらい）」

このように荒井は石油化学工業に関心を示し、玉木と千代田化工建設株式会社をよく知っていたのである。

５．法人格のない最初の技術研究組合

商工省（1949年（昭和24）５月25日より通商産業省に名称変更）は、敗戦３年後の1948年（昭和23）省内の11の試験研究所を所管し、全省の工業技術行政を総合調整する工業技術庁（1954年（昭和29）から工業技術院に名称変更）を外局として設置した。

工業技術庁においては、試験研究所の拡充強化と民間研究の助成とを２本の柱として工業技術の振興を推進した。1949年（昭和24）地熱開発と酸素製鋼の２テーマを取り上げ、総額300万円の補助金を交付した。1950年（昭和25）3000万円の予算が確保されるに及び、鉱工業技術研究補助金制度を創設し、民間企業における応用研究、工業化試験、機械の試作等に対し、30％から50％の補助を行うこととし、広く産業界からの補助金交付申請の公募を行った。この補助金は毎年増額され、1958年（昭和33）、1959年（昭和34）には、５億円に達し、欧米先進諸国の技術へのキャッチアップから、さらに独自技術の開発へと努力を続けていた民間企業の研究開発の大きな呼び水となった。当時はまだまだ独力で研究開発を行うに耐える十分な経営基盤を確立している企業が少なかったので、工業会等の業界団体がまとめ役となり、国立試験研究所あるいは大学の指導を受け、資材・

人材・施設等の効率的な運用を可能とする協同研究を推進した。工業技術院においても業界団体が行う協同研究に対して優先的に鉱工業技術研究補助金を交付した。

このような状況の下で1956年（昭和31）に日本自動車部品工業会による自動車濾過機工業研究組合、日本写真機工業会によるカメラ技術研究組合が設立されるに至った。しかしこれらの研究組合は法人格のない任意団体である。これらが我が国における協同研究に研究組合という名称を使った始まりである。

6．高分子原料開発技術研究組合設立への荒井の活躍

ここで荒井が本来の力を発揮することになる。荒井は、そのコネクションを最大に利用し、1959年（昭和34）7月10日の高分子原料開発技術研究組合の創立総会に次の化学関係の22社を集めるのである。

1．旭化成工業　2．旭硝子　3．味の素　4．鐘淵化学工業　5．呉羽化学工業　6．鋼管化学工業　7．昭和油化　8．信越化学工業　9．新日本窒素肥料　10．千代田化工建設　11．電気化学工業　12．東亜合成化学工業　13．東亜燃料工業　14．日産化学工業　15．日本化薬　16．日本軽金属　17．日本合成化学工業　18．日本ゼオン　19．丸善石油　20．三菱石油　21．富士製鉄　22．八幡化学工業

1960年（昭和35）12月にさらに関東電化工業を加え、組合会社数は23社になった。この中で特に異色であるのが千代田化工建設で、エンジニアリングメーカーである。当時石油精製および石油化学エンジニアリング分野に進出していた千代田化工建設は、社長の玉木明善の外国の技術・特許に頼らない「技術の中立性」の確保、社員のエンジニアリング能力の向上、人材育成の観点から高分子原料開発技術研究組合に参加し、玉木自身がその理事長を引き受けたという（千代田化工建設株式会社社史編集室編『玉木明善―経営のこころ』（1983）千代田建設株式会社）。高分子原料開発技術研究組合は、第1次予算が1億8000万円（当時）であり、そのうち1000万円は工業技術院からの補助金であった。組合加入各社は、トータルで技術者を100人余、1億7000万円を拠出している。つまり組合加入各社は1社

平均800万円の金と４名の優秀な技術者を出している。ところが100名の優秀な人材をつぎ込み、立派なパイロットプラントを作り運転していくということは、日本の会社においては１社や２社の力では到底できるものではなかった。

荒井はこの技術研究組合の世話人を引き受けた理由として次の３項目を挙げている。

(1) 大きな研究の実現は到底１人の力では完遂できない。どうしても協同研究によらざるを得ないとする年来の主張に合致したからである。

(2) 高分子原料の有効な開発は、資源に恵まれない日本としては、文化平和国家として生き抜くために絶対の必要であるからである。

(3) 本研究組合の使命は決して第一期目標のアセチレン、エチレンの低コスト製造方法が、単に当面の海外技術導入に基づく外貨の節用に止まること（ICI、モンテカテニの同方法はすでに数社によって数億円のノウハウ代を払って、我が国に導入されんとしている）のみならず、……本邦産業構造の変化に通ずる各種の応用工学の基礎となるものであり、将来の国産技術の急速なる育成に寄与するものきわめて深いと信じるがゆえである。

そして荒井はさらに続ける。「関係各社が真に大乗的見地にたって、大同団結し、小異を捨てて大同につき、十分に虚心坦懐に話し合って、さらに広く参加各社に門戸を開放し、同上研究者を広く天下に求めて世界の文科に寄与するの熱意と雅量があれば、また意外な成果を収める可能性もある。」（荒井溪吉「高分子原料開発研究組合の発足にあたって」『高分子』(1959) 第８巻９号）

この文章は、財団法人日本合成繊維研究協会設立前に荒井が『ナイロン』誌上に寄せた文章（第５章１項参照）を彷彿とさせる。まさに荒井の思想の源流は、日本科学技術が世界に対抗するにはオールジャパンの協同研究体制が必要だということである。

荒井が高分子産業界ひいては化学産業界に如何に強い影響力を持っていたかを示すエピソードが人工臓器の国際的権威であった能勢之彦の論文（能勢之彦他「能勢之彦、人工臓器の歴史を語る　世界の巨人たち　第５話―日本人工臓器学会を設立した渡辺先生と本木誠二先生―」『人工臓器』(2012) 第41巻１号）に掲載されている。その一部を抜粋する。1960年（昭和35）当時、荒井は東大工学部で非常勤講師として「織機工学」の講義を持っていた。その聴講生として北大医学部大学院から東大工学部に内地留学していたのが医師の能勢であった。

> 「荒井先生は東大６年留年を自称し、それを大いに誇りにしていた。先生は剣道部を日本一にするために、そしてトーナメントで勝つために６年間留年し、剣道一途に東大生活を送った。『俺は普通の東大生とは違って、６倍の数の同級生がいる。皆それぞれ偉くなっているので何か困ったことがあれば、この６倍の同級生に助けを求めればいい。こんな幸せな男はいない。』が口癖であった。『お前には俺の講義は難しすぎる。俺の同級生の会社に行って高分子のサンプルをもらってこい。サンプルの膜、管、板を手で持って調べてこの高分子は人工臓器に使えそうだという報告書を書けば単位はやる。』といって名刺を10枚以上くれた。荒井先生の同級生はほとんどが会社の役員かトップであった。……一つ一つの会社を訪ねて様々な高分子のサンプルをもらうことは本当に楽しかった。荒井先生の弟子であるということで正式訪問の後、それまで足を踏み入れることができなかった高級レストランや高級酒場に連れて行ってくれたからである。……このように日本の高分子メーカーのトップと知り合いになれたことが６か月の国内留学を終えた後、どれほど北大の人工臓器研究室にとって役に立ったかは計り知れない。……日本の様々な高分子工学の隆盛は荒井先生の統率なしには達成できなかったはずである。」（著者注：実際は剣道ではなく柔道である）

このように荒井溪吉の高分子メーカー等への影響力は非常に大きなものがあったと推察される。高分子原料開発技術研究組合に参加した日本軽金属の社員で技術研究組合の委員を務めた佐々木武之進は、次のように述べている。

「（協同研究の）種らしきものがあるという事を世間に拡げて、また役所の方でもうまく連絡する。そして一緒に研究しても良いという意志のある人を集めてくる顔って言いますか、熱意と言いますか、そういうものが必要なんです。だから私は荒井溪吉さんの功績というのは非常に大きいと思います。」（佐々木武之進他「てい談　共同研究に期待する」『工業技術』（1960）第1巻第6号）

7．鉱工業技術研究組合法成立

高分子原料開発技術研究組合での実践において多くの問題点が浮かび上がった。主要な問題点を列挙する。

(1) 協同研究実施の結果取得する工業所有権帰属について、法人格を有していないと特許法上、職務発明との関係において問題が生ずる。

(2) 協同研究を実施する際に、その研究の種類によって相当の危険を伴うため、保安に対する各種の規制を受ける場合が少なくない。例えば協同研究体は保安規制の適用を受け、各種の責任、義務を負うことになるが、任意団体ではその責任関係が不明確である。

(3) 協同研究体が協同研究の円滑な運営を行うためには、対内的にも対外的にもその財産管理あるいは経理処理の責任の所在を明確にすることが必要であり、そのためには協同研究体が法人格を有することが不可欠の要件とされる。

(4) 協同研究体は一般の企業と同様、その責任者、技術者、事務職員、労務者等の人間関係をめぐる諸問題に対しても種々の法律の対象となるが、この場合にも法人格のないことが大きな障害となる。

これらの問題を解決するために、早急な鉱工業技術研究組合法の成立が望まれたのである。

工業技術院機械試験所の第三部長杉本正雄は、1953年（昭和28）の5カ月にわたる欧米出張のうち約40日をイギリス滞在に費やし、イギリスの研究組合制度を研究した。翌年その成果を「英国の研究組合制度について」と題して『日本機械学会誌』（1956）第59巻第451号）に発表した。

1917年（大正６）、イギリス政府は100万ポンドを用意し、民間企業が業種ごとに協同して研究開発を行う時、その総費用の半額を補助した。1921年（大正10）までには21の研究組合が成立し、中小企業の技術向上に貢献したため、次第に政府から高い評価を受けるようになった。第２次世界大戦後の産業復興期に研究組合への助成措置がさらに強化され、政府は次の措置を決定した。

① 研究組合に対する補助金を永続的なものにする。
② 研究施設の設置にも特別な補助金を交付する。
③ 研究組合の研究計画に従い、５カ年計画で補助金を計上する。

1953年（昭和28）には、37の組合があり、その総収入は390万ポンドで、最高の収入は鉄鋼関係の組合で50万ポンド、最低の収入は繊維関係で１～２万ポンド、平均10万ポンドであった。このうち政府からの補助金は総収入の３分の１程度であった。研究組合の業務は組合員に共通する研究開発を主体として、依頼試験、分析、内外の技術情報の提供、研究員による工場の指導であった。ほとんどの研究組合が研究所を持ち、必要に応じて組合員会社の工場、研究所、大学の研究所を活用していた。

研究組合はCompany Actに基づく法人であり、イギリス科学技術庁は標準定款モデルを作り、研究組合が一定の形式を整えた団体になるように行政指導を行っていた。参加企業の特典としては研究成果の報告を受ける他、次のようなものが挙げられている。

① 研究組合が取得した特許およびノウハウを無償あるいは廉価で利用できる。
② 研究開発課題の提案ができる。
③ 組合員会社に対する技術相談ができる。
④ 研究組合による巡回技術指導を受けることができる。
⑤ 研究組合に余裕がある時、自社独自の研究テーマの委託および組合の研究を利用できる。

杉本は最後に次のように結論付ける。

「企業の規模の大小を問わず我が国の現状において各企業における協同研究が必要であり、この為には英国の研究組合制度が参考になるであろう。」（杉本正雄「英国の研究組合制度について」『日本機械学会誌』（1956）第59巻第451号）

杉本は帰国後、工業技術院機械試験所の所長に昇格している。杉本の強い勧めもあり、イギリスの研究組合制度を一部取り入れた「鉱工業技術研究組合法」が1961年（昭和36）２月20日通商産業省で省議決定され、同22日第38回国会に提出され可決された。同年５月６日公布、同20日施行された。しかしこの法律の制定の裏には荒井溪吉等が立ち上げた高分子原料開発技術研究組合からの工業技術院への陳情、さらには工業技術院機械試験所の杉本所長が大きな影響を与えたことは間違いない。

「鉱工業技術研究組合法」は、2009年（平成21）に改正され「技術研究組合法」（2009年（平成21）６月22日）となった（最終改正は2014年（平成26）６月27日）。次に現在の技術研究組合法を示すが、下線部は財団法人日本合成繊維研究協会の設立趣意と一致する部分である。

技術研究組合法

（昭和三十六年五月六日法律第八十一号）

最終改正：平成二十六年六月二十七日法律第九十一号

第一章　総則

（目的）

第一条　この法律は、産業活動において利用される技術の向上及び実用化を図るため、これに関する試験研究を協同して行うために必要な組織等について定めることを目的とする。

（人格及び住所）

第二条　技術研究組合（以下「組合」という。）は、法人とする。

組合の住所は、その主たる事務所の所在地にあるものとする。

（原則）

第三条　組合は、次の要件を備えなければならない。

一　組合員が産業活動において利用される技術に関する試験研究（以下単に「試験研究」という。）を協同して行うことを主たる目的とすること。
二　組合員の議決権及び選挙権は、平等であること。
　組合は、特定の組合員の利益のみを目的としてその事業を行つてはならない。
（組合員の資格）
第五条　組合の組合員たる資格を有する者は、その者の行う事業に組合の行う試験研究の成果を直接又は間接に利用する者であって、定款で定めるものとする。
　組合は、定款で定めるところにより、前項に規定する者の国立大学法人（平成十五年法律第百十二号）第二条第一項に規定する国立大学法人、産業技術力強化法（平成十二年法律第四十四号）第二条第三項に規定する産業技術研究法人その他政令で定める者を組合員とすることができる。

　このように見てくると技術研究組合の母型が財団法人日本合成繊維研究協会にあることが理解されよう。

8．高分子原料開発技術研究組合から法人格のある高分子原料技術研究組合へ

　高分子原料開発技術研究組合の活動を玉木明善「石油アセチレンプロセス開発過程」（『燃料協会誌』（1963））に基づいて記述すると次のようになる。

　機構は総会、理事会の上部議決機構と日常の業務運営を見る運営委員会と専門事項を審議する総務・設備・計画・分析の４分科会より成り立っていて、それぞれ委員が選任された。

・総務分科会……定款に基づく組合運営の諸規定作成、資金の徴収、対官庁折衝、対外PR等の業務を処理する。
・設備分科会……千代田化工建設で立案したプロセスシートに基づき、主要設備の仕様・予算・納期等につき具体的に検討を加え、所要の修正を加える。
・計画分科会……設備分科会と緊密に連絡し、建設予算、行程について検

討を加え、ついで運転計画、運転要員の充足、訓練につき審議する。

1959年（昭和34）10月中旬に決定した第１次開発計画は次の通りであった。

○予算

・支出

設備費：14040万円　運転経費：3170万円　設計費：421万円

事務局費：300万円　予備費：702万円

合計：18633万円

・収入

各社均等負担：801.5万円×22社＝17633万円　政府助成金：1000万円

合計：18633万円

○建設工程

建設工程は1959年（昭和34）度末を目標としたが、実際には1960年（昭和35）５月完成、６月試運転。

・分析分科会……他の分科会よりも１カ月遅れの10月下旬に発足。分析機器の選定、分析方法の確立、標準サンプルの交換、ガスクロ検量線の定期的チェック等の仕事を行い精力的に活動。選ばれた委員はそれぞれの分析の専門家であり、分析方法自体は秘密事項がないので相互に経験、既有の知識を持ちより、ガスクロを主体とする分析マニュアルの作成に積極的な協力体制が築かれた。

●第１次開発（1959年（昭和34）７月～1961年（昭和36）４月）

高分子原料開発技術研究組合としての「0.5t/日アセチレンパイロットプラントの建設」

パイロットプラントは千代田化工建設川崎工場技術総合研究所内敷地に建設された。1960年（昭和35）７月11日に関係官庁、学会の名士の挙列を得て盛大な竣工式が行われた。そして同31日スタートアップを行った。アセチレン、エチレンのナフサに対する収率は40～57％に達し、外国文献に並ぶものであった。

1961年（昭和36）4月12日から分解部—精製部の一貫した総合運転を行い、分解ガス中のアセチレンに対し95％の回収率で99.9％の高純度アセチレンを製造し、約80時間の安定した運転の後、同15日夕刻計画的に運転を停止し、組合の第1次開発計画を成功裏に完了した。

要するにこのプラントにおける反応式は第6章11項で示した石油の分留で得たナフサ（粗製ガソリン）を熱分解して、アセチレンとエチレンを得るというものである。

$$\text{ナフサ} \longrightarrow \underset{\text{アセチレン}}{CH{\equiv}CH} + \underset{\text{エチレン}}{CH_2{=}CH_2}$$

エチレンは付加重合させることによってポリエチレンが得られる。ポリエチレンは容器や包装用フィルム、さらには第8章1項で示す浄水器の濾過膜に使用される中空糸としても使用されている。

$$\underset{\text{エチレン}}{nCH_2{=}CH_2} \xrightarrow{\text{付加重合}} \underset{\text{ポリエチレン}}{[-CH_2-CH_2-]_n}$$

アセチレンからは、次式で示すようにいろいろな二重結合を持つ化合物ができ、これを付加重合させることによっていろいろな用途に使える高分子化合物となる。

$$\underset{\text{アセチレン}}{CH{\equiv}CH} + \underset{\text{塩化水素}}{HCl} \longrightarrow \underset{\text{塩化ビニル}}{CH_2{=}CHCl}$$

$$\underset{\text{塩化ビニル}}{nCH_2{=}CHCl} \longrightarrow \underset{\text{ポリ塩化ビニル（繊維、パイプ等）}}{[-CH_2-CHCl-]_n}$$

$$\underset{\text{アセチレン}}{CH{\equiv}CH} + \underset{\text{酢酸}}{CH_3COOH} \longrightarrow \underset{\text{酢酸ビニル}}{CH_2{=}CHOCOCH_3}$$

$$\underset{\text{酢酸ビニル}}{nCH_2{=}CHOCOCH_3} \longrightarrow \underset{\text{ポリ酢酸ビニル（ビニロンの原料）}}{[-CH_2-CH(OCOCH_3)-]_n}$$

$$\underset{\text{アセチレン}}{CH{\equiv}CH} + \underset{\text{水素}}{H_2} \longrightarrow \underset{\text{エチレン}}{CH_2{=}CH_2}$$

$$\underset{\text{エチレン}}{nCH_2{=}CH_2} \longrightarrow \underset{\text{ポリエチレン（フィルム、包装材、中空糸等）}}{[-CH_2-CH_2-]_n}$$

●第２次開発（1961年（昭和36）３月～1962年（昭和37）３月）

高分子原料開発技術研究組合と高分子原料技術研究組合にまたがる

「３t/日アセチレンパイロットプラントの建設」

○予算

・支出

　建設予算：10600万円　運転予算：3000万円　事務局予算：3600万円

　合計：17200万円

・収入

　各社均等負担：604.35万円×23社＝13900万円

　政府助成金：3300万円（高分子原料技術研究組合に対して）

　合計：17200万円

○建設および運転工程

　1961年（昭和36）

　３月初頭より資材・機器・計器発注

　３～８月　工場製作

　５～８月　0.5t/日パイロットプラントによる補足試験（３t/日パイロットプラント設計のための必要なデータをとるため）

　９～11月　現場工事

　12月　建設完了、試運転

　1962年（昭和37）

　１～３月　パイロットプラント運転

0.5t/日パイロットプラントによる補足試験の終了と共に、９月中旬より３t/日の建設工事が活発に進められた。工事は第１次開発と同様に千代田化工建設が一括担任し、予定通り順調に進められた。建設途上における小改造工事も、組合臨時建設班と千代田化工建設の現場建設要員との密接な連絡の下にスムーズに行われた。1961年（昭和36）５月に鉱工業技術組合法が制定施行され、同年10月24日には日本初の鉱工業技術研究組合である高分子原料技術研究組合が設立された。新しい法人格が得られることから旧名称の高分子原料開発技術研究組合から「開発」が削除された。理事長には、千代田化工建設社長の玉置明善が引き続き就任した。予定通り同年11月末に建設工事は完了し、同年12月８日に、関係官、学、業界の名士約150名の参列を得て、盛大な竣工式が開催された。

玉木の論文から読み取れることは、組合員の会社の社員がチームワークよく活動していること、化学系の会社ではなくエンジニアリング会社から唯一参加している千代田化工建設がパイロットプラントの建設の主導的役割を果たしたということである。

第２次開発における成果は、1962年（昭和37）３月１日より100時間に及ぶ連続運転に成功し、アセチレン、エチレンのナフサに対する収率は48％に達し、目標値に到達することができた。

この功績つまり「ナフサの分解によるアセチレン及びエチレン製造技術」により、高分子原料技術研究組合は、1962年（昭和37）度の燃料協会賞を受賞している。

9．その後の高分子原料技術研究組合

●第３次開発（1962年（昭和37）７月～1963年（昭和38）６月）

「第１次、第２次開発の成果を発展させ、企業化のための補足研究。混合ガス法による塩ビ製造プラントの分解炉設計のための研究」がテーマとなっている。しかしメインテーマは、後段の混合ガス法による塩ビ製造プラントの分解炉設計のための研究である。第３次開発は、呉羽化学工業・三菱石油・千代田化工建設の３社の参加となった。高分子原料技術研究組合の組合員はあくまでも23社であるが、実際に人員および資金供与したのは、第３次開発に限っては３社のみということであり、したがって研究成果の公開も３社間のみということになる。この点について、玉置は次のように述べている。

「このような掘り下げた開発は必ずしも組合加盟各社の方針と合致するものではなく、基本技術の展開及び関連するノーハウ（ママ）の開発はその計画を同じくする少数社のグループにより行われるべきである。」つまり鉱工業技術研究組合では、組合員でありながら大きなミッションの中の一つの枝の目標には参加・不参加の自由性が担保されているということである。第３次開発については政府から助成金は払われていない。

混合ガス法（アセチレンとエチレン）による塩化ビニル製造の反応式を次に示す。

$$CH_2{=}CH_2 + Cl_2 \longrightarrow CH_2Cl{-}CH_2Cl$$

アセチレン　　塩素　　　　　　1,2-ジクロロエタン

生成した1,2-ジクロロエタンを500℃、15－30気圧に加熱圧縮すると塩化ビニルと塩化水素が生じる。この塩化水素をアセチレンと反応させて再び塩化ビニルを得る。

$$CH_2Cl{-}CH_2Cl \longrightarrow CH_2{=}CHCl + HCl$$

1,2-ジクロロエタン　　　　　　塩化ビニル　塩化水素

$$CH{\equiv}CH + HCl \longrightarrow CH_2{=}CHCl$$

アセチレン　　塩化水素　　　　　　塩化ビニル

前述のごとく、塩化ビニルを付加重合させるとポリ塩化ビニルが得られ、繊維やパイプ等に利用される。

●第４次開発（1963年（昭和38）４月～1964年（昭和39）３月）

「高級アセチレン系高純度標準資料作成のための研究」がテーマとなっている。この研究への参加企業は元の23社に戻っている。またこの研究には政府からの助成金500万円が与えられた。

1966年（昭和41）６月８日第51回国会の「科学技術振興対策特別委員会科学技術行政に関する小委員会」に高分子原料技術研究組合理事福島嘉雄が参考人として出席し次のように発言している。

「高分子原料技術研究組合の特許権といたしましては、日本特許３件、実用新

案登録1件、米国特許1件を獲得いたしました。英国特許1件が現在公告中でございます。

この研究は、ナフサを分解して工業原料に適するエチレン、アセチレンの混合稀薄ガスをきわめて高い総合収率で得た点にあります。この研究は段階を追って昭和34年から昭和37年に及び、第1次から第3次に分かれておりますが、1日0.5トンの炉から始めまして、最終的には1日9トン炉の試作並びに運転を行って、石油アセチレンの企業化を樹立したものであります。……組合で完成されました技術をどう活用するかは組合員の課題であります。もちろん研究途中において得た貴重な資料、各種技術、経験、ノーハウ（ママ）等は、組合員が自社から派遣した研究者、運転要員を通じて各自の企業内で十分にこれを活用されましたが、この技術を直接使用して自社の技術を合わせて工業化されましたのは組合員である呉羽化学工業株式会社であります。同社は別会社をもって塩化ビニール（ママ）年産3万トンプラントを建設し、昭和39年の2月から今日まで順調に操業されております。またこのプラントは国際的にも多大な反響を呼びまして、ごく最近でございますが、ソビエトに塩ビといたしまして年産6万トンの規模のものが輸出されることになりまして、正式に輸出の許可が下りました。ある意味におきまして国の内外にプラントが立ち、組合の研究成果は100％完結したといえるかもしれません。」（『科学技術振興対策特別委員会科学技術行政に関する小委員会議事録』1967年（昭和42）6月8日）。

呉羽化学工業による混合ガス法塩化ビニルプラント輸出が1966年（昭和41）4月にソ連と締結されている。また同年同月にイギリスのブリティッシュオキシジェン社およびノルウェーのノルスクハイドロ社に混合ガス法塩化ビニル製造技術輸出契約が締結されている。さらに同年11月にはインドのプラスチックレジン社に同法製造技術輸出契約が締結されている。

○1964（昭和38）年度

・石油学会賞「ナフサより塩化ビニルの製造法」

　対象：高分子原料技術研究組合・呉羽化学工業・千代田化工建設の共同受賞

・日刊工業新聞十大新製品賞「混合ガス法における塩化ビニルモノマー製造装置」

対象：高分子原料技術研究組合・呉羽化学工業の共同受賞

前出の高分子原料技術研究組合理事の福島の発言のポイントは、技術研究組合で得られた成果は各組合員が自分の会社に持ち帰り、それに加工を加えて独自に商品として売り出すことができるという点である。高分子原料技術研究組合では、最も成功した企業が呉羽化学工業ということである。したがって技術研究組合の成果をうまく自社の利益に結実できる社とできない社が出てきて、技術研究組合の継続が困難になる可能性がある。そこで技術研究組合で一定の成果が得られれば、組合の解散が容易にできるのである。高分子原料技術研究組合は、1977年（昭和52）４月13日に解散している。

10．時代は石炭から石油へ

高分子原料開発技術研究組合、さらには法人格のある高分子原料技術研究組合の設立の背景には、繊維産業を筆頭とする合成高分子産業の原料が石炭から石油に転換したことがある。つまり、合成繊維原料の石炭から石油への移行がある。

日本の石油産業は1950年（昭和25）の太平洋岸製油所の再開を契機として、戦災による荒廃から立ち上がることになったが、精製技術の近代化と精製施設の復旧のために巨額の資金が必要であり、海外からの原油の長期安定輸入も不可欠であった。こうしたいくつかの条件を満たし、石油産業を早く復興させるためには、海外で広く活動し世界的な原油資源の所有者である外国石油会社との提携が唯一の選択肢であった。この頃中東の大油田のほとんどは国際石油会社（国際石油メジャー）の開発によるものであり、世界の石油貿易が原油中心になるにつれて、中東アラビア湾の石油積出港を基準地点とする原油公示価格が立てられるようになり、中東原油を輸入する国にとって、原油の輸入が製品の輸入より経済的に有利になった。

太平洋岸製油所の再開後、朝鮮動乱による軍需ブームが起き、次いで1951年（昭和26）には、サンフランシスコ平和条約が調印されて、日本は名実共に自立化へ歩み出すことになった。このような経済の自立化に必要な産業の振興には安価なエネルギー源の供給が必要であった。

ところが、国産エネルギー源の中心であった石炭は1955年（昭和30）頃から不況に落ち込んでいった。政府は原油や重油に関税をかけて石油へのエネルギー転換を抑えようとしたが世界的な石油供給過剰傾向と、それに伴う値下がりおよびタンカーの大型化による輸送コストの低下により石油の石炭に対する経済的優位性を覆すことはできなかった。

この頃産業界の技術革新は石油からの化学物質製造や燃料としてのエネルギー化のコスト減少を見出し、石油の石炭に対する優位性は明らかとなっていった。こうして1950年代半ば頃から始まる石炭から石油へのエネルギー革命は、諸外国にもまして著しく進展し、日本は石油時代へ急速に進んでいった。

日本の石油精製能力は平和条約発効の年である1952年（昭和27）には、1日当たり14万750バレルであったが、1960年（昭和35）には78万9280バレルへと急速に増加した。このように石油需要が拡大していくうちに、重油価格が低下していき、石炭はますます苦境に追い込まれていった。

1960年（昭和35）の第2次池田内閣の所得倍増計画以降、日本経済は高度成長時代を迎えたが、中でも臨海工業地帯を中心とする重化学工業は目覚ましい発展を遂げた。この時期は新産業である石油化学工業の勃興期にも当たることから重油・ナフサの需要は急激な伸びを示した。

こうした状況の下に、重質原油をできるだけ簡略な精製体系で生成してナフサと重油を重点的に生産し、その地域のコンビナートパイプラインで供給するといういわゆるコンビナート製油所が1960年代に相次いで設立された。

例えば、九州石油・大分、東方石油・尾鷲、西部石油・山口、極東石油工業・千葉、関西石油・堺、富士石油・袖ケ浦、日本海石油・富山、鹿島石油・鹿島、東北石油・仙台の9製油所等である。これらのコンビナート製油所には石油会社も関与しているが石油化学（合成繊維等）、電力、鉄鋼等のナフサと重油の大口需要家や商社の指導により設立されており、通商産業省も精製設備許可基準において石油化学および電力とのコンビナートを優先させる方法を打ち出したのであった。

このような時代背景の下に、石炭からナフサへ合成繊維の原料が切り替わっていく中で、その先兵の役割を果たしたのが高分子原料開発技術研究組合・法人格のある高分子原料技術研究組合である。そしてその組合をオーガナイズした人物が荒井溪吉である。

1938年（昭和13）10月27日、アメリカのデュポン社の副社長スタインが発表したナイロンのキャッチフレーズ、

「ナイロンは石炭と空気と水から作られ、鋼鉄のごとく強くクモの糸のごとく細し」

の「石炭」の部分が、1960年代以降、「石油」に変換したのである。現在では、合成繊維等の化学物質の原料は全て石油から製造されている。

なお、石油は恐竜時代以前の海中のプランクトンの死体が海中に堆積し、地殻変動で地中で変成してできたものであり、石炭は同様に大木が地中で変成したものである。共に主成分は、CとHである。

11. 石油からの合成繊維の工程

石油の主成分は、いろいろな炭化水素である。油田から汲み上げられた石油（原油）を分留（沸点の差を利用して分別すること）すると、沸点の差により次の成分が得られる。

ガス分（40℃：C数1～4）→液化石油ガス（LPG）、プロパンC_3H_8等

ナフサ（110℃、組成ガソリン：C数5～10）→石油化学工業（合成繊維等）、ガソリン

灯油（約180℃：C数10～20）→家庭用燃料、ジェット燃料

軽油（約260℃：C数14～20）→ディーゼルエンジン用燃料

重油（C数20～70）→重油、潤滑油、アスファルト

合成繊維は、ナフサを熱分解して得られるメタンCH_4、エチレン$CH_2=CH_2$、プロピレン$CH_2=CHCH_3$や接触改質（触媒を用いて加熱することで炭化水素の構造を変え、性質を改良すること）で芳香族のベンゼンC_6H_6、キシレン$CH_3-C_6H_4-CH_3$等が作られる。

12. 技術研究組合の隆盛

「鉱工業技術研究組合法」の成立後に設立された主要技術研究組合を以

下に示す。

日本産業における多くの分野で、技術研究組合が作られている。技術研究組合における協同研究が、戦後の日本の技術研究を牽引したといっても過言ではないであろう。例えば、成功すれば世界の食糧とエネルギーの覇権を握るといっても良い人工光合成研究もオールジャパン体制の「人工光合成化学プロセス技術研究組合」で研究が進められている。

1960年代……高分子原料技術研究組合、光学工業技術研究組合、電子計算機技術研究組合、その他、繊維、包装材料、鋳物、石灰等の技術研究組合等

1970年代……IBMのコンピューターに対抗するための、富士通と日立、三菱と沖、日本電気と東芝が提携した三つの電子計算機技術研究組合、原子力製鉄技術研究組合、総合自動車安全・公害技術研究組合、ジェットエンジン技術研究組合、その他、自動車部品、医療機器、環境問題、エネルギー、交通管制、医療等の技術研究組合等

1980年代……超LSI技術研究組合、第５世代コンピューター開発プロジェクト技術研究組合、国際ファジィ工学研究所技術研究組合、バイオテクノロジー開発技術研究組合、その他、化学、非鉄分野等構造不況業種による技術研究組合等

1990年代……太陽光発電技術研究組合、汎用電子乗車券技術研究組合、技術研究組合超先端電子技術開発機構等

2000年代……次世代パワーデバイス技術研究組合、電子商取引安全技術研究組合、水素供給・利用技術研究組合、技術研究組合極端紫外線露光システム技術開発機構、日本GTL技術研究組合（天然ガスから液体燃料を作る）等

2010年代……J-DeEP技術研究組合（油田発掘）、技術研究組合北九州スマートコミュニティ推進機構、高効率モーター用磁性材料技術研究組合、スペースランド技術研究組合、自然免疫制御技術研究組合、人工光合成化学プロセス技術研究組合等

第７章
戦後の繊維産業の隆盛と凋落

１．戦後繊維産業の盛衰

日本が合成繊維の生産量でイギリスを抜き、アメリカに次ぐ世界第２位になった1956年（昭和31）頃以降の繊維の生産量の推移を示す。

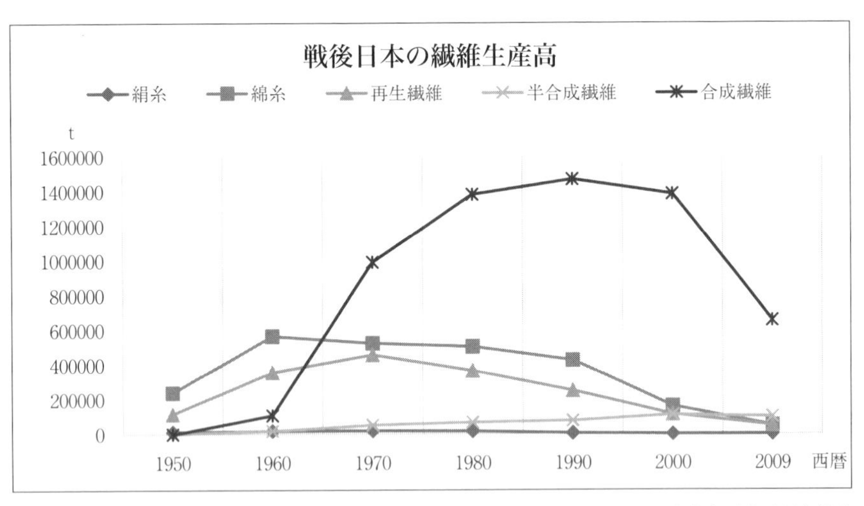

（『経済産業省生産動態統計年報　繊維・生活用品統計編』『繊維統計年報　通商産業大臣官房調査統計部編』より作成）

図７．１　戦後日本の繊維生産高

合成繊維の生産量が急速に増大し、1960年代の半ばには、レーヨンや綿糸の生産量を凌駕するに至っている。さらに合成繊維の繊維別生産量を次に示す。

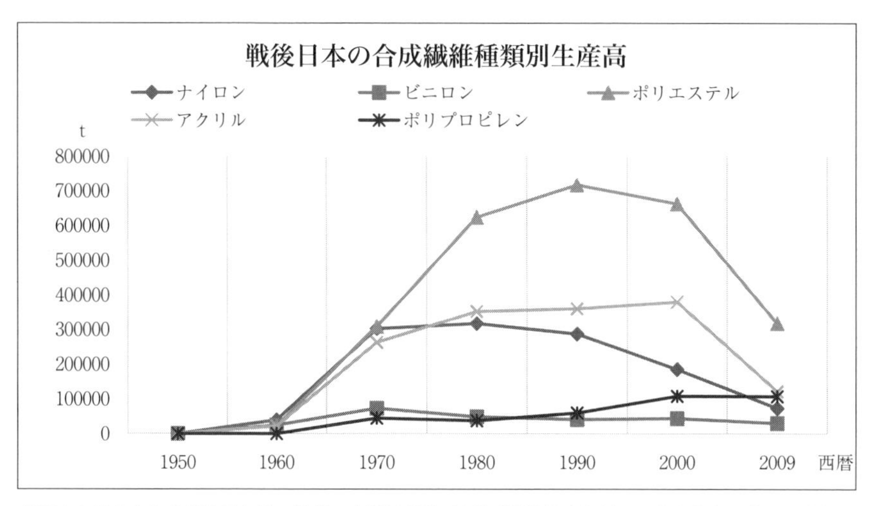

（『経済産業省生産動態統計年報　繊維・生活用品統計編』『繊維統計年報　通商産業大臣官房調査統計部編』より作成）

図７．２　戦後日本の合成繊維種類別生産高

1970年代にはポリエステルの生産量がナイロンを完全に凌駕した。しかし合成繊維も1990年（平成２）から急速にその生産量が減少していく。次に参考までに明治から平成に至る繊維生産量の推移(図７．３)を見てみる。

戦前ほとんどがアメリカへ輸出され、ドルの稼ぎ頭であった生糸は1935年（昭和10）の約４万2000ｔを最高に、戦後はまったく振るわなくなった。これは絹糸がアメリカンレイディのフルファッションストッキングに使用されたが、ナイロンの発売によりシルクストッキングがナイロンストッキングに置き換わったことが大きい。特に太平洋戦争中、アメリカへの生糸輸出が完全に途絶え、その間にナイロンが絹のシェアを奪ってしまったことによる。また戦中、軍事用（パラシュート、軍用電線被覆等）に使用されたナイロンが戦後、民生用に振り分けられ、大量生産で値段が下落したナイロンに生糸が価格的にまったく太刀打ちできなかったことにもよる。日本では綿糸やレーヨンに代わって合成繊維が破竹の勢いで大量生産されるが、1990年（平成２）頃から急速に生産量を減らすことになる。戦後約40年にわたって世界に君臨した日本の繊維生産量は現在では見る影もない。

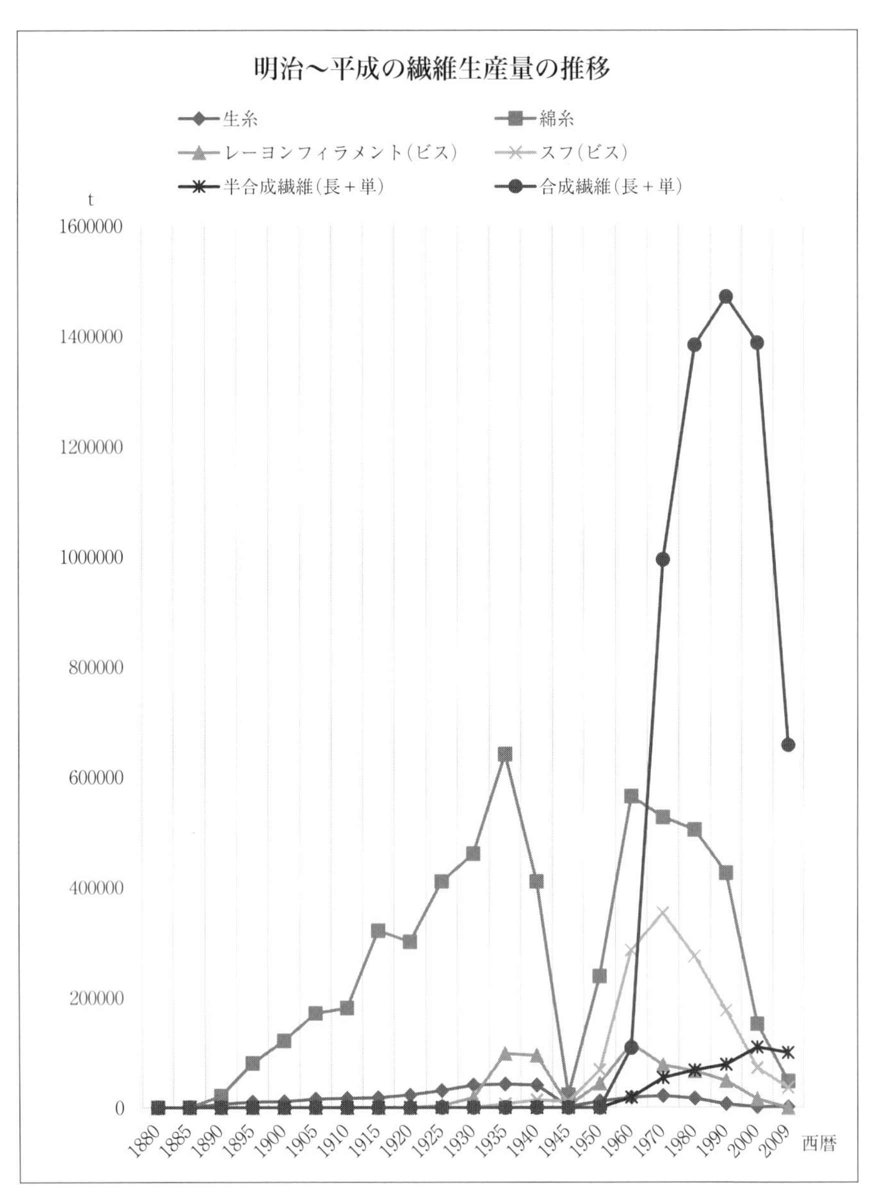

(『経済産業省生産動態統計年報　繊維・生活用品統計編』『繊維統計年報　通商産業大臣官房調査統計部編』等より作成)

図７．３　明治～平成の繊維生産量の推移

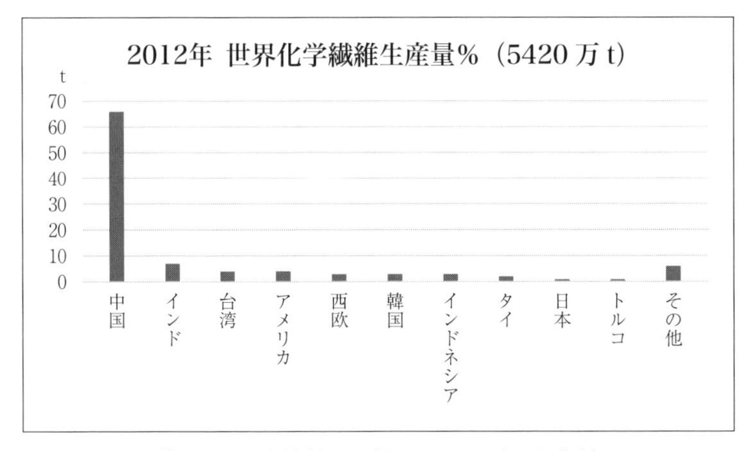

(『日本化学繊維協会編　繊維ハンドブック』より作成)

図7．4　2012年 世界化学繊維生産量（%）

現在では、図7．4が示すように中国が世界の化学繊維の65%以上を生産する。中国が世界繊維工場になったのである。繊維産業の地位の低下を最も端的に示しているのは図7．5に示す輸出額に占める繊維の割合である。

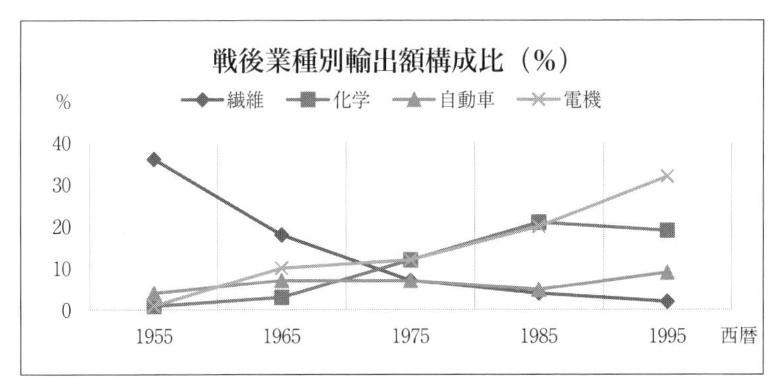

(『経済産業省工業統計表』より作成)

図7．5　戦後業種別輸出額構成比（%）

単調減少を示しているのは、繊維のみである。現在日本は、後述する従来の汎用化学繊維とは異なる付加価値の高い繊維の少量生産がメインとなっている。

2．繊維産業の衰退の一原因――日米繊維交渉

戦後1950年代半ば、戦前の絹に代わる綿製品の日本からの輸入増加に対してアメリカ国内の各繊維組合による日本への批判が高まった。事実、この時期の対米繊維品輸出は年々増加し、1955年（昭和30）の輸出量は1953年（昭和28）の３倍を超した。「ワンダラーブラウス（１ドルブラウス）」に代表される安価な綿ブラウスが典型例である。さらに、アメリカ側の輸入に占める日本製品のシェアも75％を超えていた。日本の繊維業界もこの事態を重く受け止め、綿製品の輸出を自主規制するという対策を打ち立てた。この自主規制の成果と、香港をはじめとするアジア諸国の発展により日本のシェアは大幅に減っていった。しかし、アメリカ国内の繊維産業からの強い要望により、「日米綿製品協定」が1957年（昭和32）に結ばれた。

さらに1961年（昭和36）にGATT（関税と貿易に関する一般協定）の主催で国際繊維品貿易会議が開催され、「綿製品の国際貿易に関する短期取り決め（STA）」が採択された。これは、アジア各国からの主に綿製品の輸出が拡大したことを受け、アメリカ繊維産業界が政府に対し強く要望したもので、輸入国側が綿製品に限り輸入を制限できることを定めた国際条約である。STAはその期間が１年と限定され、あくまでも一時的な措置という位置付けで終わった。

GATTは1962年（昭和37）のSTA終了を受け、繊維産業が国内経済に重要な役割を果たしていることを理由に、GATTの一般規則（無差別主義、数量制限の禁止）から繊維製品を除外し、「綿製品の国際貿易に関する長期取り決め（LTA）」を発行した。LTAは、綿製品が流入することで国内市場が崩壊する恐れがある場合に、輸入国と輸出国で二国間協定を結ぶこと（二国間協定が合意に至らない場合は、輸入国側が一方的に輸入制限措置を講じることができる）を定めたものである。

これにより、アメリカは日本を筆頭に18カ国との間で二国間協定を締結し、実質的に綿製品輸出国側に対し輸入数量制限措置を講じた。LTAは当初５年間ということであったが２度の更新を経て1973年（昭和48）まで続いた。

3．糸を売って縄を買う――アメリカへの繊維輸出規制と交換に沖縄返還を得る

綿製品に関する協定に端を発した日米繊維紛争は、さらに泥沼化する。すなわち、毛製品および化学繊維製品の対米輸出を綿製品同様に規制することをアメリカ繊維業界が要求してきたのである。当然日本側はこれに反発したが、この問題は単なる繊維製品貿易という経済問題の領域にとどまらず、ニクソン大統領の選挙戦や沖縄返還問題も絡んだ政治問題へと発展、さらに状況を複雑化させた。

LTAによってアメリカ繊維産業は復活を遂げたにもかかわらず、アメリカ繊維業界では輸入規制を毛製品および化学繊維製品にまで広げるべきであるという機運が高まった。1965年（昭和40）に、日本繊維協会、米国繊維製品製造業者協会（ATMI）の首脳会議が開かれ、これが紛争の発端となった。アメリカ側は綿製品の規制を他の化学繊維製品にまで適用することを主張したが、日本側はこれを拒否した。これに対しアメリカ国内の規制に関する要望はますます高まりを見せた。1967年（昭和42年）、アメリカ側は（ATMI）総会において「毛及び人造繊維製品、米国の輸出する繊維品に対する外国の差別待遇の撤廃、米国の繊維製品輸入関税の引き下げ反対」を決議した。そして（ATMI）はアメリカ政府議会に対して猛烈な運動を開始し、議会側も大統領選挙、議会選挙を控えており業界の要求に迎合する姿勢を見せた。議会において繊維製品の輸入規制法案が出され、国を挙げての運動へと広がりを見せ始めたのであった。1969年（昭和44）、ニクソンは繊維製品の輸入規制実施を公約に掲げ大統領に就任した。就任後間もなく短繊維規制の態度を表明すると共にGATTやOECD（経済協力開発機構）に対しては、繊維国際協定のための国際会議開催を要求した。さらに日本政府に対して「毛化合織に関する日米協定法案」を提出、日本側に拒否されると二次案さらに被害報告資料を提出した。

アメリカ国内の輸入規制に対する要求は、このような形で盛り上がり、ついに日本政府との交渉への発展を見るに至った。その背景には、国内での特に議会を中心とする強い政治的圧力があった。先のATMIの働き掛けに呼応する形で1967年（昭和42）から翌年にかけて第90回アメリカ議会

では繊維品の輸入規制に関する法案が主なものだけでも７法案も提出されている。さらにケネディ・ニクソンといった大統領の選挙公約も繊維業界の要望を強く意識した内容となっていたのである。

なぜアメリカ議会と大統領がこれほどまでに繊維業界の要望を重視するのか。それはアメリカでも繊維産業は産地性を持ち、その産地選出議員は地元の利益代弁者としてさまざまな圧力をかけざるを得ないからである。日本とまったく同様の政治的圧力の基本構造なのである。こうしたアメリカ側の動きに対して、日本の繊維産業界も黙ってはいなかった。1967年（昭和42年）日本紡績協会、日本化学繊維協会、日本羊毛紡績協会の３団体は「米国輸入制限運動に反対し日本政府の善処を要望する共同宣言」を採択した。さらに1970年（昭和45）、前述の３団体をはじめとする繊維業界19団体で日本繊維産業連盟を結成し、徹底交戦の姿を見せた。そしてアメリカ側の協定法案に対し日本繊維産業連盟は強硬に拒否を続けた。しかしこの時期日本政府は沖縄返還問題にかかわっており、日米友好関係の維持という大命題があった。そのためアメリカ政府と国内繊維産業の板挟みにあい、問題の解決に苦慮した。

こうした状況の中、交渉の長期化を嫌う日本政府は、当時の宮沢喜一通産大臣と日本繊維産業連盟の首脳会議等を通じ再三にわたる自主規制の打診を試みた。業界側はこれに応じる姿勢をなかなか見せなかったが、アメリカのウィルバー・ミルズ下院歳入委員長が自主規制寄りの態度を示したことで、一気に自主規制に応じる方向に転じたのであった。業界が自主規制に応じる姿勢を見せた理由は、輸入規制法案の成立はなんとしても阻止する必要があること、ミルズの承認なしにアメリカの通商法案成立はあり得ないこと、日本繊維業界としてはミルズを味方にして損はないこと、ミルズの構想が最も自由貿易原則に近いこと等が挙げられる。

日本繊維業界は36カ月の自主規制を宣言し、1971年（昭和46）４月１日より実施した。この自主規制により、日本政府は政府間交渉の必要はなくなったと主張した。ミルズをはじめ議会内にはこの自主規制を歓迎する動きも見られたが、ATMIは日本側の自主規制を強硬に拒否した。結局自主規制の欠陥等を理由にニクソン大統領は自主規制の受け入れを拒否し、

1971年（昭和46）３月をもって、日米政府間交渉は打ち切られた。

しかし最終的にはアメリカ政府が輸入割当制度を楯に政府間協定の締結を強硬に主張してきたために、日本政府がアメリカの要求に屈して交渉は再開された。かくして1972年（昭和47）１月10日「日米毛人造繊維製品貿易取り決め」が成立した。業界は自主規制までして政府間交渉終結に最大限の譲歩を見せたが、最終的にはアメリカ側の提出した協定案を認めるという形で政府間交渉は決着した。

アメリカが国内産業保護の目的で日本に対米輸出規制を要求する。つまりアメリカ側が日本からの輸入に、規制を堂々とかければよいのだが、自由貿易の旗手というアメリカの建前がそれを許さないのである。

しかし、その代償として同年５月15日、沖縄施政権が日本に返還された。この日米交渉時の総理大臣は佐藤栄作であり、交渉の担当大臣は最終的には通産大臣の田中角栄であった。佐藤栄作は非核三原則・アジア平和への貢献等が評価されて1974年（昭和49）ノーベル平和賞受賞、田中角栄はロッキード事件での受託収賄罪等の容疑で1976年（昭和51）に逮捕された。

４．自主規制・政府間協定に対する莫大な補償金

1971年（昭和46）の自主規制から1972年（昭和47）の政府間協定に至る過程での業界の補償要求は大きかった。自主規制に対しては、過剰設備処理費として337億円、運転資金融資として959億円、近代化融資として465億円、利子補給補助金等として28億円。これらの他にも制度の改善として日本紡績協会等から提出された構造改善事業の延長強化、輸出４組合から輸出関係保険による速やかな補填等の要求が出された。また政府間協定に対する補償救済に対しては、さらに2385億円という要求が出されている。こうした補償要求に対する政府の対応は総額1278億円の救済金に加え、自主規制補償や離職宿舎に対する一時補償等を含めた2050億円に上る対策を実施するというものであった。当時の日本の国家予算は約20兆円であるので国家予算の１％が補償金として使われたわけである。そしてこの実行者が時の通産大臣、田中角栄であった。

このようにして政府は繊維業界の要求に対し補償することとなったが、

この補償対策が本当に長期的にプラスの効果を日本の繊維産業に与えたかどうかは疑問である。確かに現金補償で金が入ること自体は当事者にとってはプラスである。しかしさまざまな補償という政策で渡された金が効率的には使われないことも事実である。例えば、繊維過剰設備の買い上げを名目にした補償は、中小企業へのばらまき的補助金であり、繊維中小企業の構造改革、過剰企業の統廃合・大規模化や垂直間による統合を進めるという繊維産業強化策を結局弱めるきっかけとなってしまった。

通商政策上の失敗を補う要求を政府に出し、政府がそれに応えるという、政府依存体質が繊維業界全体を覆ってしまったことが最も大きなマイナスといえよう。そして図７．５で見たように、繊維産業は現在では日本の輸出総額の１％にも満たない構造不況業種に陥ってしまったのである。

繊維産業衰退の原因を挙げると次のようにまとめられよう。

(1) 汎用繊維（ナイロン・アクリル・ポリエステル等）では技術のキャッチアップが容易であり、人件費が安い中国・インド・インドネシア・タイ・韓国等に市場を奪われた。

(2) 政府からの補助金依存体質が繊維業界全体を覆って、繊維中小企業の構造改革、過剰企業の統廃合・大規模化や垂直間による統合を進めるという繊維産業強化策が進まなかった。

(3) かつての繊維大企業は利益率の高い高付加価値の繊維のみを製造するようになると共に、脱繊維化を図り、次項で示すように素材・医療・環境等の分野に進出し総合化学会社に移行した。

５．繊維会社から総合化学会社へのメタモルフォーゼ

戦後、政府からナイロン製造を託された東レの現状を見てみる。戦前はレーヨン、戦後はナイロンさらにはポリエステルのリーディングカンパニーとして君臨した東レは現在、６分野の事業を展開している。つまり繊維製造技術を基にした総合化学会社に転身している。

設立：1926年（昭和1年）、資本金：1427億円、事業展開国：26カ国、関連会社数：国内100社・海外154社、従業員数：東レ7223人・国内関連会社10520人・海外関連会社28096人・合計45839人（以上2016年（平成28））連結売上高：2兆1044億円、連結経常利益：1545億円（以上2015年（平成27））。

(1)　繊維分野……ナイロン・ポリエステル・アクリルの3大合繊はいまだに展開しているが製造量は最盛期に比べて激減している。原糸、テキスタイル（織物・布地）、縫製品、エアバッグ、シートベルト、火力発電用のバグフィルター（後述）等の各種産業資材を製造している。

(2)　プラスチック・ケミカル分野……樹脂、フィルム、ケミカルの3つの事業からなるプラスチック・ケミカル事業を展開している。特にポリエステルフィルムは世界シェア20%を有するトップメーカーであり、植物由来の樹脂や太陽電池のフィルム等環境対応素材も製造している。

(3)　情報通信材料・機器分野……薄型ディスプレイ向けフィルムや中小型液晶カラーフィルター、回路材料、半導体材料、IT関連機器等幅広い製品を提供する東レグループの情報通信材料・機器事業を展開。

(4)　炭素繊維複合材料分野……東レが世界最大のメーカーであるポリアクリロニトリル系炭素繊維（後述）は航空機の一次構造部材から自動車用等、各種補強材等一般産業用途、釣り竿・ゴルフクラブのシャフト等のスポーツ用途までさまざまな分野で使用されている。

(5)　環境・エンジニアリング分野……水処理膜を展開する東レの水処理事業は水不足の深刻化が予測される21世紀の水需要に対し、世界トップレベルの技術を有する逆浸透膜（ポリアミド系複合膜）等の水処理の技術で水資源の確保に貢献している。

(6) ライフサイエンス・医薬品分野……医薬事業・医療材料材・バイオツール事業拡大を目指すサイエンス事業展開。また分析・調査・研究等のサービス関連事業も行っている。医薬品としてはインターフェロン（B型C型肝炎の抗ウィルス剤、多発性骨髄腫等に対する抗がん剤）等を製造している。今では知る人は少ないが、東レは戦中および戦後の一時期ペニシリンを製造販売していた。その流れをくむのがライフサイエンス医薬品事業である。

（東レホームページ（2016）より抜粋）

戦後、政府からビニロン製造を託されたクラレの現状を見てみる。戦前はレーヨン、戦後はビニロンのリーディングカンパニーとして君臨したクラレは現在、六つの事業を展開している。ビニロン原料であるポリビニルアルコールが基本になっている。

設立：1926年（昭和１）、資本金：890億円、関連会社数：国内25社、海外46社、国内従業員数：単体3327名・連結8405名（以上2016年（平成28））、連結売上高：5217億円、連結経常利益：645億円（以上2015年（平成27））。

(1) 繊維・人工皮革・不織布分野……ビニロンはアスベスト代替品としても使用されている。日本初の人工皮革クラリーノ、不織布（繊維を織らずに絡み合わせたシート状のもの、ウェットティッシュやマスク等が代表）。

(2) プラスチック分野……ポバール樹脂（ビニロンを樹脂状にしたもの）、ポバールフィルム（液晶ディスプレイ）。

(3) ケミカル・ゴム・エラストマー（ゴム弾性を有する高分子）分野

……イソプレンゴム[—CH_2—CH═CH—CH_2—]$_n$ やイソプレンを原料にしたエラストマーやケミカル製品（医薬・農薬中間体やジオール（２価アルコール）系工業用洗浄剤等。

(4) メディカル・環境関連分野……歯科材料・人工骨インプラント（欠けた骨を補完する人工骨）、排水処理用ポリビニルアルコール、活性炭製品等。

(5) エンジニアリング分野……化学分野をはじめとするプラント建設やメンテナンス。

(6) 新事業分野……成形物表面への微細加工技術を応用した成形品の技術開発および市場開拓（LED部品、自動車関連部材等）。

（クラレホームページ（2016）より抜粋）

以上、概観したように両社共に繊維事業はもはや全体事業の中の一部にすぎない。総合化学会社（医薬・エンジニアリングも含む）にメタモルフォーゼを遂げて世界をリードする化学系会社として活動を続けている。他の戦前からの綿紡績・レーヨン会社においても現在も続いている会社は例外なく総合化学会社に移行している。

第8章
化学繊維と環境

1．化学繊維と環境保全

化学繊維産業は長年にわたって培ってきた繊維技術や特殊機能を付与した繊維製品等により地球環境問題の解決にも積極的に貢献している。化学繊維各社の環境調和に貢献する高機能繊維高分子材料技術の応用列を紹介する。

(1) 生分解性繊維

キュプラ、レーヨン等セルロース系繊維は本来の性質として生分解性を有している。生分解性とは、微生物等によって分解される性質をいう。よって、農業用資材等に使用された場合、使用後はそのまま土の中にすき込むことができる。

また、とうもろこしを原料としたポリ乳酸繊維には生分解性があり、幅広い分野で利用されている。

ポリ乳酸の生成式

$$n\mathrm{HO{-}\underset{\underset{\displaystyle CH_3}{|}}{CH}{-}COOH} \rightarrow [\mathrm{{-}O{-}\underset{\underset{\displaystyle CH_3}{|}}{CH}{-}CO{-}}]_n + n\mathrm{H_2O}$$

乳酸　　　　　　ポリ乳酸

乳酸はとうもろこしのデンプンをグルコースに加水分解した後、乳酸発酵させて得る。

$$(\mathrm{C_6H_{10}O_5})_n + n\mathrm{H_2O} \xrightarrow{\text{加水分解}} n\mathrm{C_6H_{12}O_6}$$

デンプン　　　　　　グルコース

$$C_6H_{12}O_6 \xrightarrow{\text{乳酸発酵（乳酸菌を使う）}} 2HO-\underset{\underset{CH_3}{|}}{CH}-COOH$$

グルコース　　　　　　　　　　　　　乳酸

(2)　炭素繊維強化プラスチック

風力発電用の風車ブレードは軽量で強いことが要求されるが、特殊なプラスチックを炭素繊維等の高強度・高弾性率繊維で補強した素材が用いられている。またこの炭素繊維強化プラスチックは海岸等で塩水や風雨にさらされても錆びない特徴があり効率の良い発電を可能にしている。さらに、自動車や航空機の一部にも採用されている。

炭素繊維……ポリアクリロニトリルを紡糸して糸状にし、窒素のような不活性気体の中（非酸化条件下）で熱分解すると、炭素を主成分とする炭素繊維が得られる。酸化させる時の温度（200～3000℃）によって炭素含有率が異なり、物理的・化学的性質の異なるものが得られる。導電性を持ち、軽くて弾性率や引っ張り強さが高く、耐薬品性・耐腐食性に優れた炭素繊維が作られ、用途としては釣り竿・ゴルフクラブ・テニスラケットの他、吸着剤・断熱材・複合材料にも利用される。ポリアクリロニトリル以外の原料としてはセルロース・ピッチ（石油分留で得られる高沸点の残油）等が使われる。

(3)　アスベスト代替繊維

欧州では1980年代からアスベスト（石綿）の使用が禁止されている。日本では、厚生労働省が2004年（平成16）10月からアスベスト使用製品の生産販売を禁止した。このアスベストに代わる素材としてビニロン、ポリプロピレン、アラミド繊維等が使用されている。

アラミド繊維…芳香族ポリアミド系合成繊維をアラミド繊維という。例えばナイロン66のメチレン鎖$-CH_2-$の部分をベンゼン環に置き換えた構造を持つポリ-p-フェニレンテレフタルアミドは代表的なアラミド繊維で、ナイロン66よりも強度、耐熱性、耐薬品性に優れているので航空機の複合材料、防弾チョッキ、安全手袋、タイヤの補強材等にも利用されている。ベンゼン環の２置換基をC_6H_4で表すとアラミド繊維の生成式は次式。

$$nClOOC—C_6H_4—COOCl + nH_2N—C_6H_4—NH_2 \rightarrow$$
テレフタル酸ジクロリド　　*p*-フェニレンジアミン

$$[—OC—C_6H_4—CONH—C_6H_4—NH—]_n + 2nHCl$$
ポリ-*p*-フェニレンテレフタルアミド　　塩化水素

(4) 紙おむつ

ポリアクリル酸ナトリウム塩を主成分とするポリマーから作られた高吸水、高吸湿性に優れる。この繊維は、シリカゲルの２倍の吸水性があり、紙おむつ・生理用品に利用される。

$$nCH_2{=}CH(COONa) \rightarrow [—CH_2—CH(COONa)—]_n$$
アクリル酸ナトリウム　　ポリアクリル酸ナトリウム

(5) 家庭用浄水器

水道水汚染水にする家庭用浄水器に、ポリエチレンの中空糸膜が使用されている。中空糸はストロー状の糸で中空である。中空糸の側面に超微細孔があり、これで精密ろ過を行う。中空糸が多数縦に並んでおり、この中を水が通過する時、微細孔に不純物が入ることによってろ過されるという原理である。

(6) 油水分離フィルター

水と油は普通の状態では簡単に分離するが、ミクロの油と水が混合した液中では分離が難しいという問題がある。この微分散した水を、超極細繊維製の膜を利用したフィルターに通すことで補足、凝集、粗大化させて、瞬時に高精度に分離する。ポリ４フッ化エチレンは、油を吸着する性質があるので油水分離フィルターに利用される。

$$nCF_2{=}CF_2 \rightarrow [-CF_2-CF_2-]_n$$

4フッ化エチレレン　ポリ4フッ化エチレン

(7) 微生物付着ポリエステルによる水質浄化装置

ポリエステル繊維に微生物を特殊な方法で固定化させた微生物固定化繊維を用いる水質浄化システムである。繊維内部の微細空間に高濃度に固定化された微生物の働きで硝化反応を促進して窒素系有機化合物を分解し浄化する。硝化反応とは、好気性細菌が窒素有機化合物と酸素を利用して細胞内の代謝活動により、水と二酸化炭素と硝酸イオンNO_3^-を生成する反応である。さらに硝酸イオンは別の細菌によって無害な窒素分子N_2にまで還元される。

(8) バグフィルター

焼却炉等で発生するダストの集塵に有効な袋状のフィルターでポリエステル繊維等が使用される。

2．化学繊維製品のリサイクル

循環型社会に向けたさまざまな取り組みが行われている。限りある資源を有効に活用するためには、3R（リデュース、リユース、リサイクル）を推進することが重要である。繊維製品の場合には、昔からリユース（再使用のことで古着やリフォームとして着用）とウエス、反毛（はんもう）等のリサイクルが進められてきた。化学繊維製品の場合には、その他に次のようなリサイクル手段があるが、このうち原料に戻すケミカルリサイクルができることは化学繊維の大きな特徴である。

●**ケミカルリサイクル（原料に戻す）**……合成繊維（ポリマー）を化学的に分解（解重合）し原料（モノマー）まで戻すリサイクル。ナイロン6やポリエステルでは技術が確立されている。

●マテリアルリサイクル（原料のままで利用する）……

(1) ウエス：古着等を裁断して、布状にばらし、雑巾や工場の油ふき用布として利用する。

(2) 反毛：古着等を細かく裁断し、さらに針でひっかき、布から繊維を綿状に戻したもので、フェルト等に利用する（フェルトとは繊維を薄く板状に圧縮して作るシート状製品の総称。不織布）。

(3) 再溶解：合成繊維100％の場合には加熱して溶融する等して成型品の原料として利用する。

●サーマルリサイクル（熱源として利用する）……

(1) 他の可燃ゴミと一緒に焼却して発電等に利用する。

(2) 固形燃料化して石炭の代わりにボイラーの熱源として利用する。

(3) セメント工場での焼却炉（キルン）の熱源とし利用する。

●高炉原料化……溶鉱炉コークスの代替として利用する。ポリ塩化ビニル製品でも前処理で塩素を塩化水素として回収することにより脱塩素化してから高炉原料に用いることが可能である。

ケミカルリサイクルとしては、ユニホームを中心に製品の表地や裏地等をナイロン100％やポリエステル100％または80％とした商品企画にして、回収後ケミカルリサイクルすることが実施されている。この場合、商品企画の段階でリサイクルが容易な設計にしマークを付して特定ルートで販売し、同ルートの逆ルートで回収するリサイクルシステムが講じられている。ポリエステルの場合には、回収され元の原料であるテレフタル酸ジメチルに戻し、自社のポリエステル繊維の原料として使用される。ナイロンの場合には回収して元の原料であるε-カプロラクタムに戻して自社のナイロン繊維の原料として使用される。

ケミカルリサイクルの場合には、同一素材の衣料品のみを大量に集めて処理する必要があるため、効率的な回収システムを構築することが必要である。

マテリアルリサイクルとしては、反毛してフェルトにし自動車の防音材等に使われる。一方、ユニホーム等ポリエステル100％の衣料品の場合には、回収してポリエステル製ボタンやポリエステル製ファスナー等整形品用途にも使用されている。

サーマルリサイクルとしては、自社工場で使用する石炭ボイラー等を利用して、繊維製品廃棄物を燃焼させる取り組みも行われている。

3．ペットボトルのポリエステル繊維へのリサイクル

容器包装リサイクル法でペットボトル等の容器の回収・資源化が義務付けられている。ペットボトルはポリエステル繊維と同じポリエチレンテレフタラートで作られており、回収されたペットボトルを粉砕・溶融し、ポリエステル繊維を作ることができる。これが再生ポリエステル繊維である。ペットボトルからペットボトルのリサイクルは、食品容器として利用する点から高度な精製が必要であり費用の面からほとんど行われていないのが現状である。

4．総まとめ

本書は、明治以降の日本の技術と経済を繊維中心に概観した。明治から太平洋戦争までの日本の輸出の太宗は絹糸であった。その後、綿紡績による綿糸、レーヨンさらにレーヨンくずやレーヨンを裁断したスフが輸出の中心になっていく。しかし、アメリカのデュポン社が結果的に絹をターゲットにした石炭、水、空気を原料にしたナイロンを発表する。これに危機感を抱いた繊維業界・アカデミズムが動き出す。その中心人物が荒井溪吉である。荒井はナイロンに対抗するために、オールジャパン体制の協同研究組織設立を目指す。日米対立の暗雲が立ち込めた時期に、政府主導ではなく、民間主導の産官学大研究組織が1941年（昭和16）1月28日に正式に設立される。日本の紡績・レーヨン・化学の主要企業20社、東大・京大・阪大・東京工大という日本の主要大学、そして政府という三位一体の財団法人日本合成繊維研究協会の出現である。

ここで戦後の一時期、日本の輸出の中心となったナイロン６やビニロン等の合成繊維が発明される。敗戦11年後の1956年（昭和31）、日本はイギリスを抜きアメリカに次ぐ合成繊維生産国に躍り出る。これはまさに戦前に設立された財団法人日本合成繊維研究協会の成果であるといっても過言ではない。戦後、財団法人日本合成繊維研究協会は、現在も日本有数の産官学の会員数を誇る高分子学会へと名を変える。戦後は石炭から石油への原料転換・燃料転換が起こり、合成繊維の原料も石炭から石油へ転換される。ここで再び石油を利用した合成繊維原料開発を必要と感じた荒井は、1959年（昭和34）７月にオールジャパン体制の研究組織である高分子原料開発技術研究組合を作り上げる。ここには日本の繊維・化学系主要会社23社が集合する。さらに1961年（昭和36）５月には鉱工業技術研究組合法が成立し、高分子原料開発技術研究組合は法人格を持つ日本初の高分子原料技術研究組合となる。技術研究組合という法人に助成を行う方法は、政府助成の公的な性格を重視する政府にとって望ましいものであった。

技術研究組合における実際の研究開発は主として次の二つの方法で行われた。第一は、技術研究組合が独自に研究所を設置し、そこにメンバー企業の研究者や国公立の大学・研究所からの研究者が集まって協同で研究を行うという方法である。第二は協同研究の研究課題をいくつかのサブ・テーマに分割し、これを各企業に割り振り、各企業は与えられたテーマについて自社の研究所で研究開発を行うという方法で、メンバー企業は定期的に会合を持ちそれぞれの研究成果を発表し、得られた知見を共有する。第一の方法は財団法人日本合成繊維研究協会の高槻中間試験工場がこれに該当している。第二の方法は、財団法人日本合成繊維研究協会が８分科会を設け各企業、大学、官立試験所に割り振ったのと同じ方法である。つまり技術研究組合の研究方法は、財団法人日本合成繊維研究協会の研究方法の模倣といえるぐらいに類似している。

また技術研究組合のもう一つの特色は、研究が成功した後、もしくはその技術的課題の解決が当面困難だと判断された場合には、解散が可能なことである。研究期間の平均は７～10年程度である。これにより参加する企業は特定の技術研究組合に長期にわたって資金と研究者の供給を続けなければならないという懸念から解放される。財団法人日本合成繊維研究協会も設立時には、研究期間を一応3年と決めて長期の資金と研究者の供給を避けた点も一致している。さらに企業が技術研究組合と並行して独自の研究を進めてもよいわけで、この点も財団法人日本合成繊維研究協会と一致している。このように見てくると、現在の日本を技術立国にならしめた原動力といえる技術研究組合の母型がまさに財団法人日本合成繊維研究協会にあることがよくわかる。

この財団法人日本合成繊維研究協会と技術研究組合が類似している理由は、技術研究組合第1号である高分子原料技術研究組合の前身である高分子原料開発技術研究組合と財団法人日本合成繊維研究協会を作り上げたキーパーソンが共に荒井溪吉であることに他ならない。

現在、技術研究組合は産業のほぼ全分野にわたって作られている。この技術研究組合の母型が合成繊維分野の財団法人日本合成繊維研究協会にあり、逆に言えば、財団法人日本合成繊維研究協会の方式が日本産業のほぼ全分野に応用され、日本は敗戦国でありながらGDP世界第3位の経済大国に成り得たといっても過言ではないであろう。本書で取り上げた技術研究組合は産官学のオールジャパン体制の研究組織である。しかしメインはあくまでも民、つまり民間企業である。そこに補助金を出す官すなわち政府、研究・設備をサポートする学すなわち大学が結び付いた形式を取っている。

最大のポイントは、開戦直前における国家統制ではなく、あくまでも民間主導のオールジャパン体制の高分子研究機関が財団法人日本合成繊維研究協会ということである。この研究機関と同じコンセプトで、財団法人日本放射線高分子化学研究協会、高分子原料開発技術研究組合、高分子原料技術研究組合が次々と荒井溪吉の熱意と努力によって設立されていくのである。

しかし2011年（平成23）の法改正で2人以上での技術研究組合設立が可能となった。その結果、法改正後の第1号技術研究組合は、富士電機アドバンストテクノロジーと古川電機工業の2社のみの組合員による次世代パワーデバイス技術研究組合であり、オールジャパンではない。つまり現在の技術研究組合は、少数社によるプロジェクトから人工光合成等の国家的プロジェクトまでの受け皿として広範に利用されている。

そしてこの技術研究組合の原型は、ナイロンに対抗するために民主導で結成された財団法人日本合成繊維研究協会であり、そのキーパーソンが荒井溪吉なのである。

荒井は、前出の「高分子原料開発研究組合の発足にあたって」『高分子』（1959）の最後の締めくくり文の中で次のように述べている。

> 「西暦2000年代に及んで、なおかつ依然として海外技術導入を反復せざるをえないか、はたまた、国産技術の振興によって世界を３分する（著者注：欧米資本主義圏、社会主義・共産主義圏、日本を指すと思われる）科学技術優位の文化国家に躍進しうるかどうか、研究協同のテストケースとして高分子原料開発研究員の高い徳義心と強い自覚を意念する心切なるものがある。」

西暦2000年に入り、我が国は荒井が望んだ通り世界を３分する科学技術優位の文化国家に成長したことは確かであり、その礎には財団法人日本合成繊維研究協会、財団法人日本放射線高分子化学研究協会、高分子原料開発技術研究組合、高分子原料技術研究組合等、荒井が設立にかかわった協同研究組織があり、彼の「協同研究組織が日本の技術力を牽引する」という信念が技術研究組合という研究組織を生んでいったのである。

本書は明治以来の主要産業であった生糸、さらには綿紡績そして再生繊維であるレーヨン・スフの技術・経済を俯瞰してきた。本書の後半は、今までかえり見られなかった高分子産業のオーガナイザーである荒井溪吉にスポットを当てて、戦後日本のリーディングカンパニーとして日本経済の牽引役となった化学繊維産業の盛衰を論じた。そして化学繊維会社は、今や総合化学会社として日本産業の基盤の一角を占めている。

汎用繊維は中国やアジア諸国に生産シェアを奪われたが、炭素繊維を筆頭に高付加価値繊維は日本の独占場になっている。そして環境を守るためには日本が独自に開発した高機能繊維が不可欠なものとなっている。

参考文献 （論文・雑誌・WEBを除く、図書館・古本等で閲覧可能なもの）

統計・資料

・『経済産業省生産動態統計年報　繊維・生活用品統計編』
・『繊維統計年報　通商産業大臣官房調査統計部編』
・『経済産業省工業調査表』
・『日本化学繊維協会編　繊維ハンドブック』
・『日本貿易精覧』（1975、昭和10年刊行の復刻版、東洋経済新報社）
・『日本化学繊維産業史』（1974、日本化学繊維協会）
・楫西光速編『現代日本産業発達史（上）』（1964、現代日本産業発達史研究会）
・特許庁編『工業所有権制度百年史』（1985、発明協会）
・文部科学省検定済日本史教科書（山川出版社、東京書籍、清水書院）
・文部科学省検定済化学教科書（数研出版、東京書籍、啓林館）
・井上尚之『ナイロン発明の衝撃』（2006、関西学院大学出版会）

第1章

・和田英『富岡日記』（1905年執筆）著作権は1981年まで。中公文庫等。WEBで閲覧可。
・横山源之助『日本の下層社会』（1949年、岩波文庫）

第2章

・細井和喜蔵『女工哀史』（1954、岩波文庫）
・楫西光速『豊田佐吉』（1962、吉川弘文館）

第3章

・丹羽文雄『秦逸三』（1955、帝国人造絹糸株式会社）

第4章

・鐘紡株式会社社史編纂室編『鐘紡百年史』（1988、鐘紡株式会社）
・東洋レーヨン株式会社社史編集委員会編『東洋レーヨン社史』（1954、東洋レーヨン株式会社）
・財団法人日本経営史研究所編『稿本　三井物産株式会社100年史』（1978、財団法人日本経営史研究所）
・上出健二『繊維産業発達史概論』（1993、社団法人日本繊維機械学会）
・古川安，*Inventing Polymer Science*, University of Pennsylvania Press, 1988
・Hermes, Matthew, *Enough for One Lifetime. Wallace Carothers, Inventor of*

Nylon, Chemical Heritage Foundation, 1996

第5章

・『ナイロン』（1939、紡織雑誌社）
・井本稔『化学繊維（改訂版）』（1971、岩波新書）
・齋藤憲『大河内正敏　科学・技術に生涯をかけた男』（2009、日本経済評論社）
・桜田一郎『高分子化学とともに』（1974、紀伊国屋書店）
・内田星美『新訂版　合成繊維工業』（1970、東洋経済新報社）
・田中穣『日本合成繊維工業論』（1967、未来社）
・阿部武司・平野恭平『繊維産業』（2013、一般財団法人日本経営史研究所）
・『日本の高分子化学技術　補訂版』（2005、社団法人高分子学会）

第6章

・荒井勝子編『荒井溪吉遺稿　戦時追憶の記―応召から敗戦・巣鴨までのつれづれ―』（1987、自費出版）
・千代田化工建設株式会社社史編集室編『玉木明善―経営のこころ』（1983、千代田化工建設株式会社）
・財団法人日本経営史研究所・呉羽化学工業株式会社社史編纂室編『呉羽化学50年史』（1995、呉羽化学工業株式会社）
・鉱工業技術研究組合懇談会編『鉱工業技術研究組合30年の歩み』（1991、社団法人日本工業技術振興協会）
・石油学会編：『石油精製プロセス』（1998、講談社）

第7章

・伊丹敬之編著『日本の繊維産業　なぜ、これほど弱くなってしまったのか』（2001、NTT出版）
・永井陽之助・神谷不二共編『日米経済関係の政治的構造』（1972、日本国際問題研究所）
・鷲尾友春『日米間の産業軋轢と通商交渉の歴史』（2014、関西学院大学出版会）

[著者紹介]

井上　尚之（いのうえ　なおゆき）

大阪生まれ。京都工芸繊維大学卒業。大阪府立大学大学院博士課程修了。博士（学術）。

神戸山手大学現代社会学部教授。関西学院大学・甲南大学等兼任講師。環境経営学会理事。環境計量士。ISO14001審査員。エコアクション21審査人。

専攻：科学技術史、サステナビリティー経営。

単著書：『科学技術の発達と環境問題』（東京書籍）、『環境学―歴史・技術・マネジメント』（環境経営学会実践貢献賞受賞作品）『ナイロン発明の衝撃―ナイロン発明が日本に与えた影響』『生命誌―メンデルからクローンへ』『原子発見への道』（以上関西学院大学出版会）、『風呂で覚える化学』（教学社）。

共著書：『サステナビリティと中小企業』（同友館）、『環境新時代と循環型社会』（学文社）、『科学技術の歩み―STS的諸問題とその起源』（建帛社）。

共訳書：『蒸気機関からエントロピーへ―熱学と動力技術』（平凡社）。

その他著作多数。

OMUPの由来

大阪公立大学共同出版会（略称OMUP）は新たな千年紀のスタートとともに大阪南部に位置する５公立大学、すなわち大阪市立大学、大阪府立大学、大阪女子大学、大阪府立看護大学ならびに大阪府立看護大学医療技術短期大学部を構成する教授を中心に設立された学術出版会である。なお府立関係の大学は2005年４月に統合され、本出版会も大阪市立、大阪府立両大学から構成されることになった。また、2006年からは特定非営利活動法人（NPO）として活動している。

Osaka Municipal Universities Press (OMUP) was established in new millennium as an association for academic publications by professors of five municipal universities, namely Osaka City University (OCU), Osaka Prefecture University (OPU), Osaka Women's University, Osaka Prefectural College of Nursing and Osaka Prefectural College of Health Sciences that all located in southern part of Osaka. Above prefectural Universities united into OPU on April in 2005. Therefore OMUP is consisted of two Universities, OCU and OPU. OMUP has been renovated to be a non-profit organization in Japan since 2006.

日本ファイバー興亡史

―― 荒井溪吉と繊維で読み解く技術・経済の歴史 ――

2017年２月24日　初版第１刷発行
2018年５月23日　初版第２刷発行

著　者　井上尚之

発行者　足立泰二

発行所　大阪公立大学共同出版会（OMUP）
〒599-8531 大阪府堺市中区学園町１-１
大阪府立大学内
TEL　072(251)6533
FAX　072(254)9539

印刷所　株式会社太洋社

ISBN978-4-907209-65-0